高等学校艺术设计专业课程改革教材

普通高等教育"十三五"规划教材

室内方案设计专题

——商业空间设计

（第2版）

主　编　文　健　叶晓燕　王　博

副主编　魏爱敏　胡　娉　王　强

U0234925

清 华 大 学 出 版 社

北京交通大学出版社

·北京·

内 容 简 介

本书从商业空间设计的基本概念、设计风格、设计程序和软装饰设计的讲解入手，结合餐饮空间设计、会所空间设计和办公空间设计三个项目的设计分析与案例讲解，全方位、系统地对商业空间设计的理论、表达方式和设计技巧进行清晰而细致的讲解。本书注重对学生进行知识的理解与应用训练，重点培养学生的实践能力；强调理论讲授、案例分析、分组竞赛、课堂讨论及课堂交流结合的方式，增强学生的感性认识，调动学生参与教学活动的积极性。

本书内容全面、图文并茂、理论结合实践、紧接专业市场、实践性强，对在校学生有很大的指导作用。本书可作为应用型本科院校和高职高专类院校室内设计和环境艺术设计专业的教材，还可以作为行业爱好者的自学辅导用书。

图书在版编目（CIP）数据

室内方案设计专题：商业空间设计 / 文健，叶晓燕，王博主编. —2版. —北京：北京交通大学出版社：清华大学出版社，2019.8（2022.1重印）

（高等学校艺术设计专业课程改革教材）

ISBN 978-7-5121-4004-2

Ⅰ. ① 室…　Ⅱ. ① 文…　② 叶…　③ 王…　Ⅲ. ① 商业建筑–室内装饰设计–高等学校–教材　Ⅳ. ① TU238.2

中国版本图书馆CIP数据核字（2019）第168894号

室内方案设计专题——商业空间设计

SHINEI FANG'AN SHEJI ZHUANTI——SHANGYE KONGJIAN SHEJI

责任编辑：吴嫦娥

出版发行：清 华 大 学 出 版 社　　邮编：100084　　010-62776969

出版发行：北京交通大学出版社　　邮编：100044　　010-51686414

印 刷 者：艺堂印刷（天津）有限公司

经　　销：全国新华书店

开　　本：185 mm×260 mm　　印张：10.5　　字数：371千字

版 印 次：2019年8月第2版　　2022年1月第2次印刷

定　　价：59.00元

本书如有质量问题，请向北京交通大学出版社质监组反映。对您的意见和批评，我们表示欢迎和感谢。

投诉电话：010-51686043，51686008；传真：010-62225406；E-mail：press@bjtu.edu.cn。

前　言

　　室内设计是一门新型的学科，它依托于建筑设计和环境艺术设计，利用技术和艺术的手段，结合功能与美学要求，对建筑内部空间进行再创造和美化。随着我国经济的迅猛发展，人们对室内设计的要求也越来越高，已不仅仅满足于对使用功能的需求，而是更体现在对文化内涵、艺术品位、审美诉求的追求上。这就要求室内设计成为既有科学性又有艺术性，同时具有文化内涵的新型学科。

　　"室内方案设计专题——商业空间设计"课程是室内设计专业教学实施过程中针对学生在商业空间设计能力培养方面进行的专题训练。通过具有实战意义与个性化的商业空间方案构思与设计，启发学生的设计思维，使学生掌握商业空间设计的方法和技巧，从理论到实践，从图面到实际，培养出具有一定审美素质和绘图能力的商业空间设计人员。

　　本书从商业空间设计的基本概念、设计风格、设计程序和软装饰设计的讲解入手，结合餐饮空间设计、会所空间设计和办公空间三个项目的设计分析与案例讲解，全方位、系统地对商业空间设计的理论、表达方式和设计技巧进行了清晰而细致的讲解。本书注重对学生进行知识的理解与应用训练，重点培养学生的实践能力；强调理论讲授、案例分析、分组竞赛、课堂讨论及课堂交流结合的方式，增强学生的感性认识，调动学生参与教学活动的积极性。本书内容全面、图文并茂、理论结合实践、紧接专业市场、实践性强，对在校学生有很大的指导作用。本书的图片全部为彩图，且都是通过精挑细选而来，能帮助学生更加形象直观地理解理论知识，这些精美的图片还具有较高的参考和收藏价值。本书可作为应用型本科院校和高职高专类院校室内设计和环境艺术设计专业的教材，还可以作为行业爱好者的自学辅导用书。

　　本书在编写过程中得到了广州城建职业学院建筑工程学院和广州科技职业技术大学艺术传媒学院广大师生的大力支持和帮助。本书项目一和项目二由文健编写，项目三由叶晓燕、王博编写，项目四由魏爱敏、胡娉和王强编写。赵成余、郑福、吴伟等设计师为本书提供了大量设计案例和图片，在此表示衷心的感谢。由于编者的学术水平有限，本书可能存在一些不足之处，敬请读者批评指正。

文　健

2019年8月

目 录

商业空间设计基础

【学习目标】

1. 了解商业空间设计风格；

2. 了解商业空间设计程序；

3. 了解商业空间软装饰设计。

【教学方法】

1. 讲授、图片展示结合课堂提问，通过大量的精美商业空间设计图片的展示和实战设计案例的分析与讲解，启发和引导学生的设计思维，培养学生对于本课程的学习兴趣，锻炼学生的自我学习能力；

2. 遵循教师为主导、学生为主体的原则，采用多种教学方法的有机结合，激发学生的学习积极性，变被动学习为主动学习。

【学习要点】

1. 了解商业空间设计风格，提升学生的设计审美能力；

2. 掌握商业空间设计程序，并通过对该程序的了解，明确学习的重点。

任务一　了解商业空间设计风格

一、商业空间设计风格的含义

风格即风度品格，它体现设计创作中的艺术特色和个性。商业空间设计风格是指建筑室内空间环境所营造出来的、特定的艺术特性和品格。它蕴含人们对室内空间的使用要求和审美需求，展现不同的历史文化内涵，改造了人们的生活方式，创新了生活理念，越来越受到人们的关注。

二、商业空间设计风格的主要流行风格

商业空间设计的主要流行风格有欧式风格、中式风格、现代简约风格和自然风格四大类。

1. 欧式风格

欧式风格的商业空间设计是以欧洲经典的室内装饰设计为依托，将历史上已有的造型样式、装饰图案和装饰陈设运用到室内空间的装饰上，营造出精美、奢华、富丽堂皇的空间效果的设计形式。经典欧式风格的造型样式包括古希腊的柱式、古罗马的券拱，还有壁炉和雕花石膏线条等。在造型设计上讲究对称手法，体现出庄重、大气、典雅的特点。

欧式风格的商业空间设计的代表性装饰式样与室内陈设有以下几种。

（1）由具有对称与重复效果的装饰线条组成的装饰面板。

（2）带有纹理的、精致的磨光大理石和图案精美的大理石拼花。

（3）带有装饰图案的马赛克。

（4）以卷形草叶和漩涡形曲线为主的精美绣花墙纸和地毯。

（5）以金箔、宝石、水晶和青铜材料配合精美手工布艺、皮革制作而成的家具和陈设。

（6）多重褶皱的水波形绣花窗帘、豪华的艺术造型水晶吊灯等。

欧式风格的商业空间设计如图 1-1 ～图 1-6 所示。

图 1-1　欧式风格设计 1

图 1-2 欧式风格设计 2

图 1-3　欧式风格设计 3

图 1-4　欧式风格设计 4

图 1-5　欧式风格设计 5

图 1-6 欧式风格设计 6

2. 中式风格

中式风格的商业空间设计以中国传统文化为基础，具有鲜明的民族特色。中式风格的室内装饰以木材为主，家具和门窗也多采用木制品，布局匀称、均衡，井然有序，注重与周围环境的和谐、统一，体现出中国传统设计理念中崇尚自然、返璞归真，以及天人合一的思想。

中式风格商业空间设计，从造型样式到装饰图案均表现出端庄的气度和儒雅的风采，其代表性装饰式样与室内陈设有以下几种。

（1）墙面的装饰造型常采用对称式布局，显得庄重、大方、儒雅；方与圆的造型呼应也是中式风格的特色之一，如圆形餐厅吊顶与方形餐桌的天圆地方呼应，外方内圆的雕花罩门、博古架等。

（2）中国传统室内装饰构件也是中式风格常用的造型元素，如冰花窗格、斗拱、石鼓等。

（3）中式风格的色彩以褐色、黄色和青色为主，给人以沉稳、朴素、宁静、优雅的感觉。

（4）墙面的装饰物有手工编织物（如刺绣、传统服饰等）、中国传统绘画（花鸟、人物、山水）、书法作品、对联等，墙纸图案常选用中国传统花鸟画题材；地面铺手工编织地毯，图案常用"回"字纹。

（5）家具以明清时期的代表家具为主，如榻、条案、圈椅、太师椅、炕桌等；家具的靠垫、卧室的枕头和装饰台布常用绸、缎、丝等为材料，表面用刺绣或印花图案做装饰；还可绣上"福""禄""寿""喜"等字样，或者是龙凤呈祥之类的中国吉祥图案。红、黑或宝石蓝为主调，既热烈又含蓄，既浓艳又典雅。

（6）室内灯饰常用木制底座结合布艺或羊皮做灯罩。结合中式传统木雕图案，灯光多用暖色调，营造出温馨、柔和的氛围；室内陈设品常用玉石、唐三彩、青花瓷器、藤编、竹编、盆景、民间工艺品（如泥人、布老虎、金银器、中国结等）；家具、字画和陈设的摆放多采用对称的形式和均衡的手法，这种格局是中国传统礼教精神的直接反映。

中式风格的商业空间设计还常常巧妙地运用隐喻和借景的手法，创造一种安宁、和谐、含蓄而清雅的意境。如图 1-7 ～图 1-11 所示。

图 1-7　中式风格设计 1

图 1-8　中式风格设计 2

图 1-9　中式风格设计 3

图 1-10　中式风格设计 4

图 1-11　中式风格设计 5

3. 现代简约风格

现代简约主义也称功能主义，是工业社会的产物，兴起于 20 世纪初的欧洲。现代简约风格提倡突破传统，创造革新，重视功能和空间组织；注重发挥结构构成本身的形式美，造型简洁，崇尚合理的构成工艺；尊重材料的特性，讲究材料自身的质地；强调设计与工业生产的联系；提倡技术与艺术相接合，把合乎目的性、规律性作为艺术的标准，并延伸到空间设计中，主张设计为大众服务。现代简约风格的核心内容是采用简洁的形式达到低造价、低成本的目的，并营造出朴素、纯净、雅致的空间氛围。

现代简约风格商业空间设计的代表性装饰式样与室内陈设有以下几种。

（1）提倡功能至上，反对过度装饰，主张使用白色、灰色等中性色彩，室内空间结构多采用方形或规则的几何形组合，在处理手法上主张流动空间的设计理念。

（2）强调室内空间形态和构件的单一性、抽象性，追求材料、技术和空间表现的精确度。常运用几何要素（如点、线、面、体块等）来对家具进行组合，从而让人感受到简洁明快的时代感和抽象的美感。

（3）常采用玻璃、浅色石材、不锈钢等光洁、明亮的材料。家具与灯饰崇尚设计意念，造型简洁，讲究人体工学。

（4）陈设品简单、抽象，往往采用较纯的色彩，造成一定的视觉变化。

现代简约风格商业空间设计如图 1-12 ～图 1-18 所示。

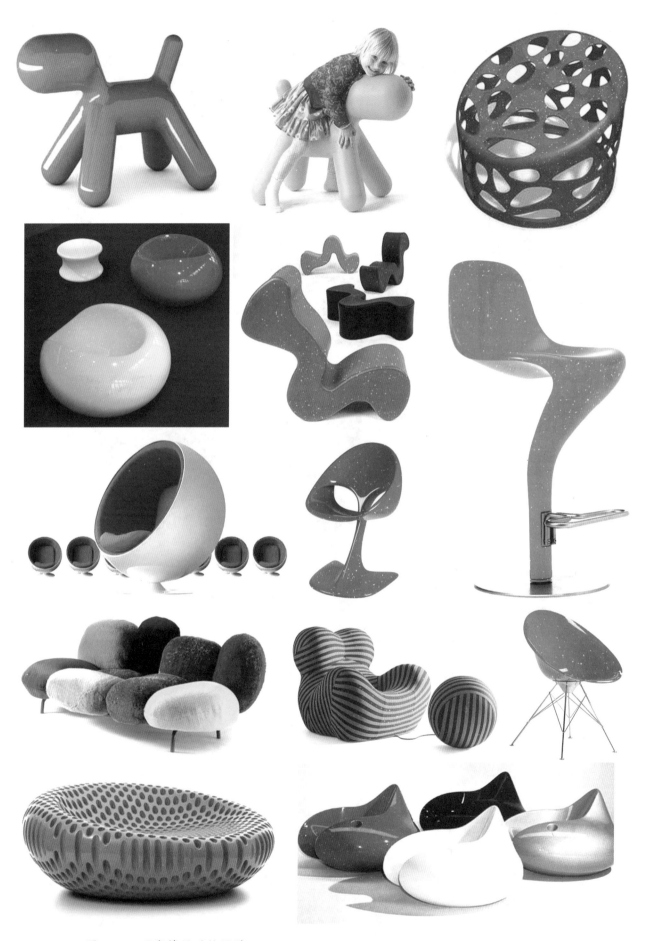

图 1-12　现代简约风格设计 1

图 1-13　现代简约风格设计 2

图 1-14 现代简约风格设计 3

图 1-15　现代简约风格计 4

图 1-16　现代简约风格计 5

图 1-17　现代简约风格计 6

图 1-18　现代简约风格设计 7

4. 自然风格

自然风格是指在商业空间设计中强调乡土味和民族特色，倡导回归自然的设计手法，推崇天然朴素的设计理念的风格形式。其空间多采用原木、天然石材、板岩和藤制品、竹制品等天然材料，色彩多为纯正天然的颜色。材料的质地较粗，并有明显的肌理纹路。强调自然光的引进，整体空间效果呈现出清新、淡雅的氛围。

自然风格家居设计的代表性装饰式样与室内陈设有以下几种。

（1）以某个地区的艺术特色和民间工艺为主题。

（2）设计中尽量使用地方材料和做法，如保持自然纹理和木本色的家具，古朴的铁艺灯饰，裸露的红砖，交错的木方或竹条、藤编的工艺品，草编的地毯，印花的织物，营造出乡土气息，造成朴素、原始的感觉。

（3）常用借景手法使室内外空间环境达到融合。

自然风格商业空间设计如图 1-19～图 1-23 所示。

图 1-19　自然风格设计 1

本项目以绿色、自然为设计理念，运用了仿生的设计手法，将自然界的植物转化为造型样式，表现出原生态的天然美感。色彩以柔和的灰色搭配纯净的绿色，营造出清新、靓丽的空间氛围。

室内效果图

广州黄埔中英文国际幼儿园

幼儿园室内设计与外观呼应。以海洋为主题，运用海浪、海洋生物等元素突出主题。蓝色作为主色调，给人凉爽、优雅的感觉；曲线的大量使用为空间带来灵动感。

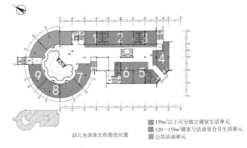

幼儿生活单元布局优化图

■ 159m²以上可分独立寝室生活单元
■ 120~159m²寝室与活动室合并生活单元
■ 公共活动单元

风格描述

从建筑设计、环境布置等方面打造海洋主题幼儿园，凸显鲜明的海洋文化特色，使其渗透到幼儿园的每一个角落，努力展示海洋文化教育的特征。

创设充满童趣、富有海洋特色的幼儿园环境，让幼儿在认识丰富的海洋资源的同时，感受到浓浓的海洋文化氛围；并且通过这些外显的物质环境创设，向外界传达幼儿园所追求的精神与理念。

室内效果图

图1-20 自然风格设计2

图 1-21　自然风格设计 3

图 1-22　自然风格设计 4

图 1-23　自然风格设计 5

1. 欧式风格商业空间设计的代表性装饰式样与室内陈设有哪些？
2. 中式风格商业空间设计的代表性装饰式样与室内陈设有哪些？
3. 现代简约风格商业空间设计的代表性装饰式样与室内陈设有哪些？

任务二 了解商业空间设计程序

【学习目标】

1. 了解商业空间设计的程序；
2. 能够按照商业空间设计的程序制作设计提案。

【教学方法】

1. 讲授、图片展示结合课堂提问和教学现场示范，通过大量的设计案例分析，启发和引导学生的设计思维，锻炼学生制作设计提案的能力；
2. 遵循教师为主导、学生为主体的原则，采用多种教学方法的有机结合，激发学生的学习积极性，变被动学习为主动学习。

【学习要点】

1. 掌握成功商业空间设计案例的设计要领；
2. 能运用平面设计软件制作商业空间设计提案。

商业空间设计水平的高低、质量的优劣与设计者的专业素质和文化艺术素养紧密相连。各个单项设计最终实施后成果的品位，又和该项工程和具体的施工技术、用材质量、设施配置情况，以及与建设者（即甲方）的协调关系密切相关，即：设计是具有决定意义的最关键的环节和前提，但最终成果的质量有赖于设计—施工—用材（包括设施）—与业主关系的整体协调。

商业空间设计的程序是指完成商业空间设计项目的步骤和方法，是保证设计质量的前提。商业空间设计的程序一般分为三个阶段，即设计提案阶段、方案设计阶段和设计实施阶段。

一、设计提案阶段

这一阶段的工作要点主要有以下几个方面。

（1）接受设计委托任务，了解甲方的设计要求，包括甲方的商业信息、设计投入和审美诉求（喜欢的风格、样式、材料）等。通过与甲方的深入交谈，了解甲方对装饰的要求和构想，尽量满足甲方的愿望和要求。作为一名优秀的设计师，既要虚心听取甲方对设计的要求和看法，又要通过自己的创造性劳动，引导甲方接受自己的设计方案，提升项目的专业水准和设计水平。

（2）明确设计期限，制定设计计划，综合考虑各工种的配合和协调。

（3）勘察现场，拍摄室内建筑结构照片，重点是梁、柱、窗台的高度、宽度，以及室内电力系统和给排水系统；丈量室内尺寸；与甲方交流，初步了解项目的基本情况。

（4）明确设计项目中所需材料的情况，掌握这些材料的价格、质量、规格、色彩、防火等级和环保指标等内容，并熟悉材料的供货渠道。

（5）制作商业空间设计提案，包括初步平面布置图、设计意向图，以及空间、造型、色彩、照明、材料、通风、结构改造的初步设计意见。如图 1-24 ～图 1-28 所示。

（6）签订设计合同，制定进度安排表，与甲方商议确定设计费。

二、方案设计阶段

（1）收集、分析和运用与设计任务有关的资料与信息构思设计草图，完善平面设计方案，制作空间电脑效果图。如图 1-29 所示。

（2）优化空间电脑效果图；通过与甲方的沟通，对设计进行完善和优化，绘制施工图。施工图包括平面图、天花图、立面图、剖面图、节点大样图、拆墙建墙图、水电图和材料实样图等。

其中，平面图主要反映空间的布局关系、交通的流动路线、家具的平面基本尺寸、门窗的位置、地面的标高和地面的材料铺设等内容。

天花图主要反映吊顶的形式、标高和材料，以及照明线路、灯具和开关的布置，空调系统的出风口和回风口位置等内容。

立面图主要反映墙面的长、宽、高的尺寸，墙面造型的样式、尺寸、色彩和材料，以及墙面陈设品的形式等内容。

剖面图主要反映空间的高低落差关系和家具、造型的纵深结构；节点大样图主要反映家具和造型的细节结构，是剖面图的有效补充。

三、设计实施阶段

设计实施阶段是设计师通过与施工单位的合作，将设计图纸转化为实际工程效果的过程。在这一阶段设计师应该与施工人员进行广泛的沟通和交流，及时解答现场施工人员所遇到的问题，并进行合理的设计调整和修改，在合同规定的期限内，保质保量地完成工程项目。

图 1-24　商业空间设计提案 1

百福厅平面图

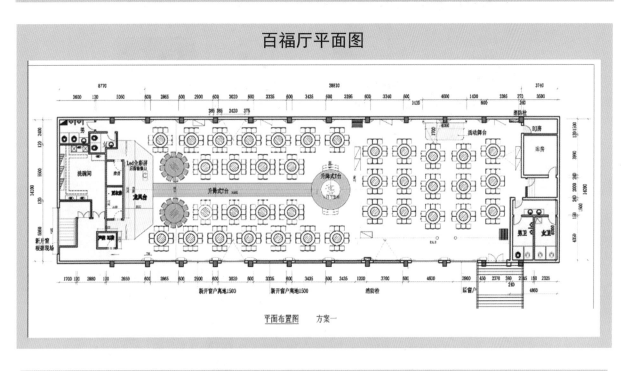

平面布置图　　方案一

室内总体格局分析　百福厅平面图

大体分区	占用面积	占总面积比	
用餐区面积	495m²	65.6%	
舞台与T台面积	65m²	13.1%	（占用餐面积比）
功能房	42.5m²	5.6%	
卫生间	49m²	9.9%	（占用餐面积比）
总面积(不含楼梯间)	755m²		
分一个厅使用时桌数	48 张		
分主厅使用时桌数	24 张		
分副厅使用时桌数	15 张		

图 1-25　商业空间设计提案 2

材料与颜色分析 百福厅主体色调

暗红色的T台地毯

局部香槟金颜色

局部香槟金颜色

整个空间是用硬包布色和木色来做基调，3~4种主体色调，色彩、纯度均偏高，以软性的材质为主。整体是喜庆而又稳重的格调。

柚木面板

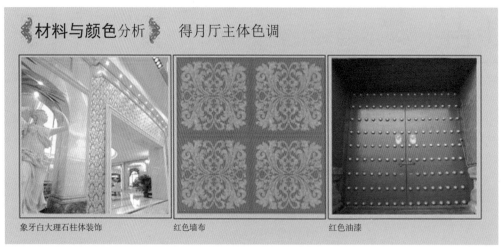

材料与颜色分析 得月厅主体色调

象牙白大理石柱体装饰

红色墙布

红色油漆

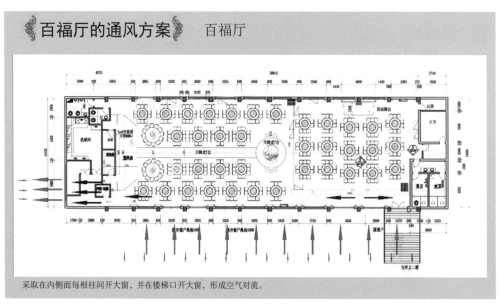

百福厅的通风方案 百福厅

采取在内侧面每根柱间开大窗，并在楼梯口开大窗，形成空气对流。

图 1-26 商业空间设计提案 3

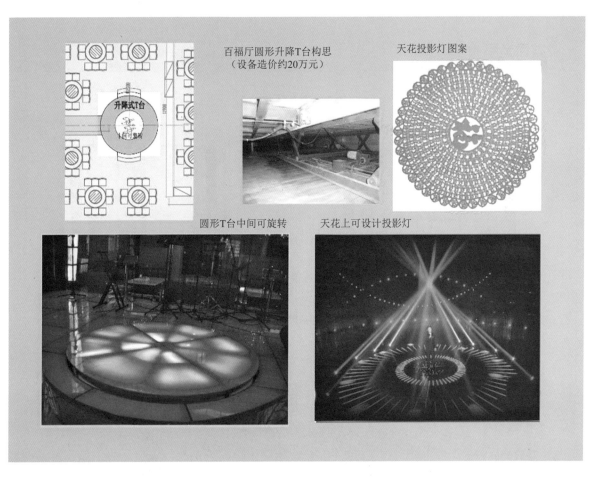

百福厅圆形升降T台构思
（设备造价约20万元）

天花投影灯图案

圆形T台中间可旋转

天花上可设计投影灯

立面造型构思　百福厅一

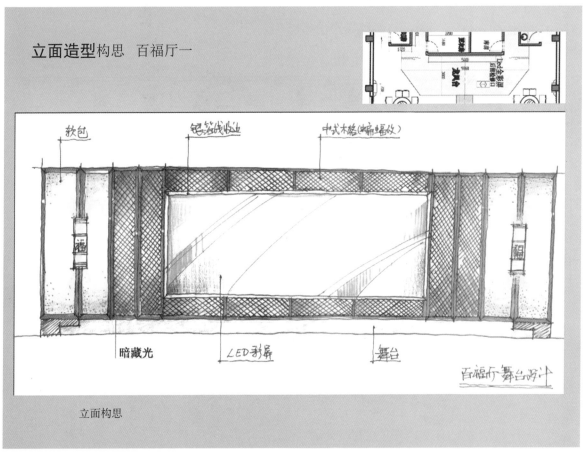

立面构思

图 1-27　商业空间设计提案 4

立面造型构思 百福厅二

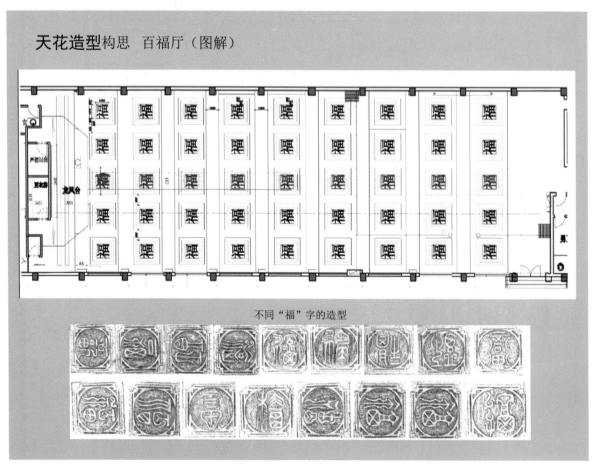

玻璃镜 中式木格(蝙蝠纹) 墙布 龙镜 软包

福 福 福

郴州苏仙宾馆百福厅立面设计

隔断软线 软包

有类似剪纸样的效果

为了丰富立面的效果，本案设计了"福"柱。不同写法的"福"字镶嵌在木花格中，后置咖镜，古典又现代。

天花造型构思 百福厅（图解）

女 声乐[包]房 更衣室 龙凤台 男

不同"福"字的造型

图 1-28 商业空间设计提案 5

图 1-29　商业空间电脑效果图

1. 简述商业空间设计的程序。

2. 制作一份商业空间设计提案。

任务三　了解商业空间软装饰设计

【学习目标】

1. 了解商业空间软装饰设计的方法和技巧；

2. 能够制作商业空间软装饰设计提案。

【教学方法】

1. 讲授、图片展示结合课堂提问，通过大量的软装饰设计案例分析，启发和引导学生的设计思维，锻炼学生制作软装饰设计提案的能力；

2. 遵循教师为主导、学生为主体的原则，采用多种教学方法的有机结合，激发学生的学习积极性，变被动学习为主动学习。

【学习要点】

1. 掌握商业空间软装饰设计的要领；

2. 能运用平面设计软件制作商业空间软装饰设计提案。

一、软装饰设计的基本概念和特点

所谓软装饰设计，是指在基础装修完毕之后，利用那些易更换、易变动位置的饰物与家具，如窗帘、地毯、靠垫、台布、装饰工艺品、灯饰、沙发、座椅、餐具等，对室内空间进行二度陈设与装饰的一门新兴设计学科。软装饰设计更能体现出空间使用者的品位和审美素养，是营造室内空间氛围的点睛之笔，它打破了传统的装修行业界限，将家具、灯饰、工艺品、陈设品、布艺、植物等进行重新组合，形成一个新的理念，丰富空间的形式，满足空间的个性化需求。

二、商业空间软装饰设计的概念和分类

商业空间软装饰设计是指针对室内公共空间，如酒店、会所、餐馆、办公室等进行的软装饰设计。它是根据具体空间的整体设计风格和功能需求，设计出符合特定的空间使用性质，展现空间气度和氛围的室内空间环境设计。商业空间软装饰设计按材料和工艺可分为家具设计、灯饰设计、布艺设计和陈设品设计四大类。如图1-30～图1-34所示。

三、商业空间软装设计的布置原则

商业空间软装饰设计应主要考虑尺度、色彩、质感、材质和空间意境等美学因素，从空间的实际出发，灵活安排，适当美化点缀，既合理地摆设一些必要的生活设施，又有一定的审美效果。为使商业空间软装饰布置实用美观、完整统一，还应注意以下几点原则。

（1）满足功能要求，力求舒适实用。商业空间软装饰设计的根本目的是满足功能需求和审美体验。功能的舒适度是前提，如家具的适宜尺度、柔软性，灯饰的照度要求，布艺的遮光防尘效果等。只有在满足了功能需求的前提下，才能利用软装饰的美学效果实现更好的美感体验。

（2）布局完整统一，基调协调一致。商业空间软装饰布置中根据功能要求，整个布局必须完整统一，这是设计的总目标。这种布局体现出协调一致的基调，融汇了空间的客观条件和人文因素。围绕这一原则，会自然而合理化地对室内装饰、器物陈设、色调搭配、装饰手法等作出选择。尽管商业空间软装饰布置千变万化，但每个空间的布局基调必须一致。

（3）器物疏密有致，装饰效果适当。软装饰器物所占的空间与人的活动空间要配置得合理、恰当，

使所有器物陈设在平面布局上格局均衡、疏密相间。在立面布置上要有对比，有照应，切忌堆积一起，不分层次和空间。软装饰的主要作用是满足人们的精神享受和审美要求，要根据具体空间的使用功能来进行布置，如果空间装饰效果需要宁静、简约的设计，则软装饰应以朴素、大方、舒适、美观为宜，不必追求辉煌与豪华；如果空间效果需要展现高贵的品质和优雅浪漫的空间氛围，则软装饰应以精致、细腻、奢华、雍容华贵为主。

（4）色调协调统一，略有对比变化。明显反映软装饰基调的是色调，软装饰所用器物的色彩都要在色彩协调统一的原则下进行选择，器物色彩与室内整体空间装饰色彩应协调一致。色调的统一是主要的，对比变化是次要的。色彩美是在统一中求变化，又在变化中求统一的和谐。商业空间软装设计案例如图 1-35 ～图 1-44 所示。

图 1-30　家具设计

图 1-31　灯饰设计

图 1-32 　布艺设计 1

图 1-33　布艺设计 2

图 1-34　陈设品设计

图 1-35　商业空间软装饰设计案例 1

会所空间软装陈设元素

图 1-36　商业空间软装饰设计案例 2

会所首层大堂软装陈设设计

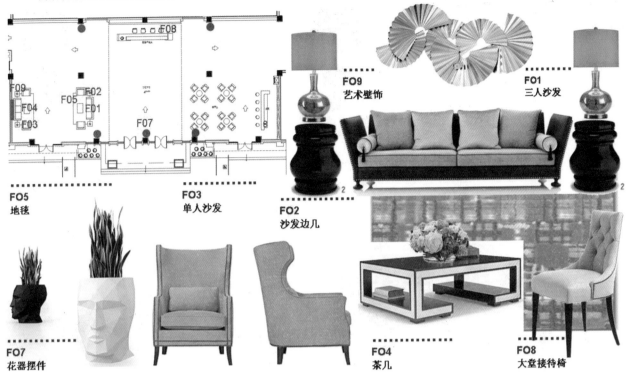

图 1-37 商业空间软装饰设计案例 3

会所首层棋牌大厅贵宾室软装陈设设计

图 1-38 商业空间软装饰设计案例 4

会所首层棋牌大厅软装陈设设计

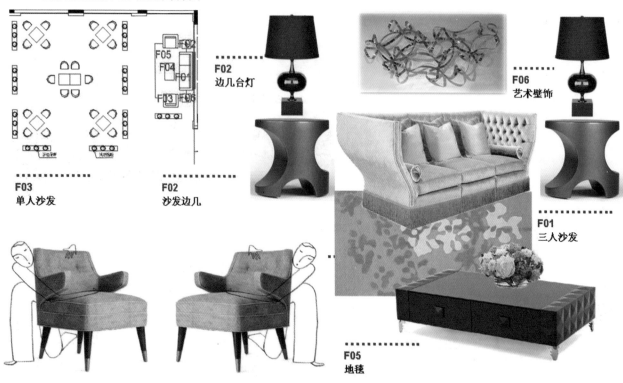

F03
单人沙发

F02
沙发边几

F02
边几台灯

F06
艺术壁饰

F01
三人沙发

F05
地毯

图 1-39 商业空间软装饰设计案例 5

会所首层台球休息区软装陈设设计

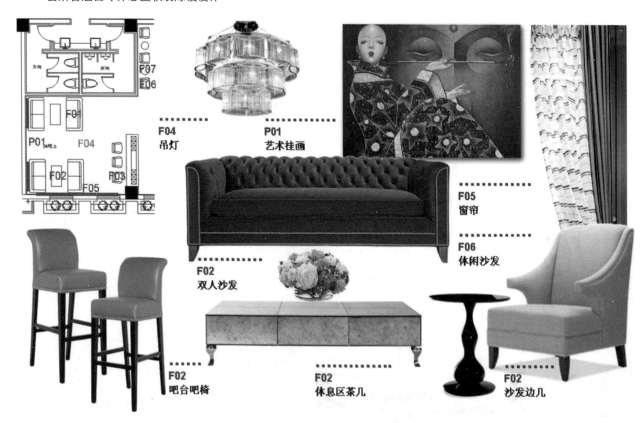

F04
吊灯

P01
艺术挂画

F05
窗帘

F06
休闲沙发

F02
双人沙发

F02
吧台吧椅

F02
休息区茶几

F02
沙发边几

图 1-40 商业空间软装饰设计案例 6

会所首层台球休息区软装陈设设计

图 1-41　商业空间软装饰设计案例 7

会所首层棋牌包厢软装陈设设计

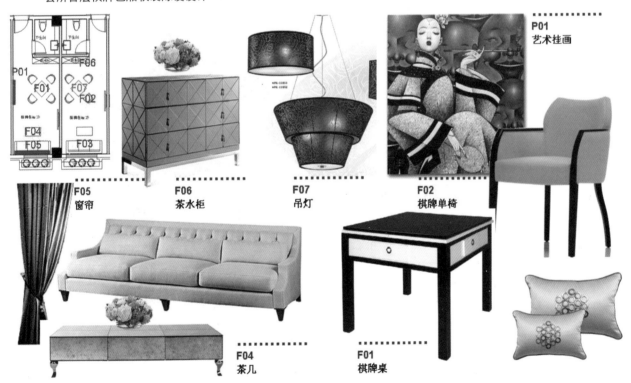

图 1-42　商业空间软装饰设计案例 8

会所游泳馆修脚房软装陈设设计

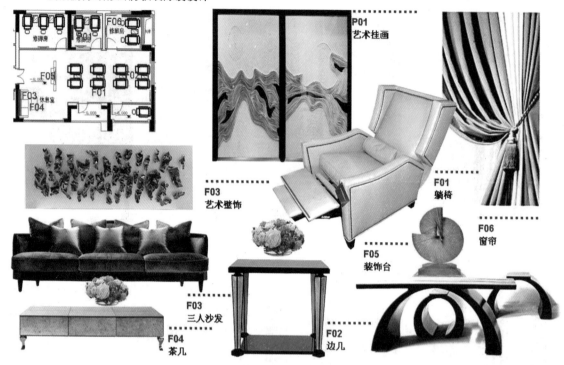

图 1-43　商业空间软装饰设计案例 9

会所二层屋顶花园软装陈设设计

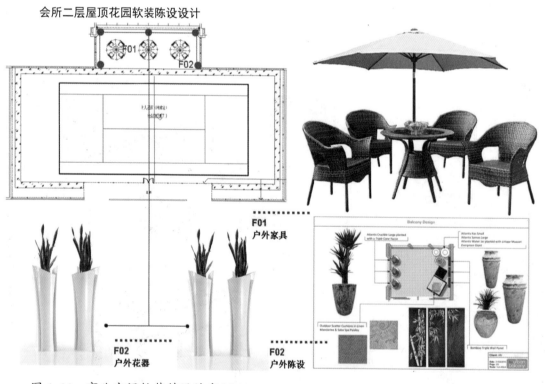

图 1-44　商业空间软装饰设计案例 10

1. 制作一份商业空间软装饰设计画册。

2. 课堂小制作，完成一次插花作业。

室内方案设计专题之餐饮空间设计

【学习目标】

1. 了解餐饮空间设计的标书制作方法和技巧；

2. 掌握餐饮空间设计的立面造型方法和技巧；

3. 通过餐饮空间设计案例分析，总结餐饮空间设计的装饰技巧。

【教学方法】

1. 讲授、图片展示、分组竞赛结合课堂提问，通过大量的精美餐饮空间设计图片的展示和实战设计案例的分析与讲解，启发和引导学生的设计思维，培养学生的造型能力，提高学生的审美能力；

2. 遵循教师为主导、学生为主体的原则，通过教师的传、帮、带，调动、激发学生的学习积极性，提高学生的参与面，变被动学习为主动学习。

【学习要点】

1. 了解餐饮空间设计的标书制作方法和技巧，提升学生的设计业务谈单能力；

2. 掌握餐饮空间设计的立面造型方法和技巧，提升学生的设计思维能力和设计表达能力。

任务一　掌握餐饮空间设计的方法和技巧

一、餐饮空间设计的基本概念

餐饮空间是指通过集饮食加工制作、商业销售和就餐服务于一体，向消费者提供各种食品、酒水的消费场所。餐饮空间的经营内容非常广泛，不同的民族、地域和文化，其饮食习惯也不相同。餐饮空间按经营内容可分为中式餐厅、西式餐厅、宴会厅、快餐厅、酒吧与咖啡厅、风味餐厅等。

二、餐饮空间设计时应注意的问题

（1）餐饮空间的面积可根据餐厅的规模与级别来综合确定，一般按 $1.0 \sim 1.5 \mathrm{~m}^2/$ 座来计算。餐厅面积指标的确定要合理：指标过小，会造成拥挤、堵塞；指标过大，会造成面积浪费、利用率不高和增大工作人员的劳动强度等问题。

（2）营业性的餐饮空间应有专门的顾客出入口、休息厅、备餐间和卫生间。

（3）就餐区应紧靠厨房设置，但备餐间的出入口应处理得较为隐蔽，同时还要避免厨房气味和油烟进入就餐区。

（4）顾客用餐活动路线与送餐服务路线应分开，避免重叠；同时还要尽量避免主要流线的交叉，送餐服务路线不宜过长（最大不超过 40 m），并尽量避免穿越其他用餐空间。在大型的多功能厅或宴会厅应以备餐廊代替备餐间，以避免送餐路线过长。

（5）在大型餐饮空间中应以多种有效的手段（如绿化、半隔断屏风等）来划分和限定各个不同的用餐区，以保证各个区域之间的相对独立和减少相互干扰。

（6）餐饮空间设计应注意装饰风格与家具、陈设以及色彩的协调。地面应选择耐污、耐磨、易于清洁的材料。

（7）餐饮空间设计应创造出宜人的空间尺度、舒适的通风和采光等物理环境。

（8）餐饮空间的色彩多采用暖色调，以达到增进食欲的目的。不同风格的餐饮空间其色彩塔配也不尽相同。中式餐饮空间常用熟褐色、黄色、大红色和灰白色，营造出稳重、儒雅、温馨、大方的感觉；西式餐饮空间多采用粉红、粉紫、淡黄、赭石和白色，有些高档西餐厅还施以描金，营造出优雅、浪漫、柔情的感觉。自然风格的餐饮空间多选用天然材质，如竹、石、藤等，给人以自然、休闲的感觉。

（9）绿化是餐饮空间设计中必不可少的内容，它可以为整个餐饮空间带来清新、舒适的感觉，增强空间的休闲效果。

（10）室内陈设的布置与选择也是餐饮空间设计的重要环节。室内陈设包括字画、雕塑和工艺品等，应根据设计需要精心挑选和布置，营造出空间的文化氛围，增加就餐的情趣。

三、餐饮空间设计的标书制作方法和技巧

餐饮空间设计标书是指接受餐饮空间经营方设计委托任务后，由设计方制作的展现餐饮空间设计理念的标准文本。餐饮空间设计标书的主要内容包括餐厅周边环境分析（交通、商业氛围、主要消费群体等）、餐厅的定位（风格、经营形式、消费水平等）、餐厅的初步平面布置（重点是座位数量和人流导向交通分析）、主要空间效果图（前台、包间、大厅等）和餐厅陈设搭配等。餐饮空间设计标书的制作一般应用 PowerPoint 软件，将设计构思和设计理念制作成电子演示文档形式，并现场讲解和展示给餐饮经营方看，为签订设计合同做好铺垫。餐饮空间设计标书如图 2-1～图 2-10 所示。

餐饮空间设计合同签订后，设计方就必须在规定的时间内完成整套餐厅方案的设计，出具施工图纸，包括实测后的平面布置图、立面图、天花图、剖面图、节点大样图等。具体见案例。

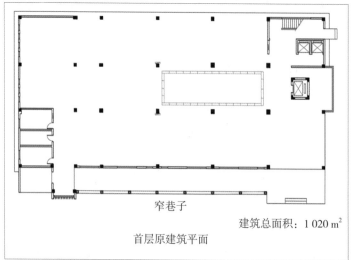

图 2-1　餐饮空间设计标书 1

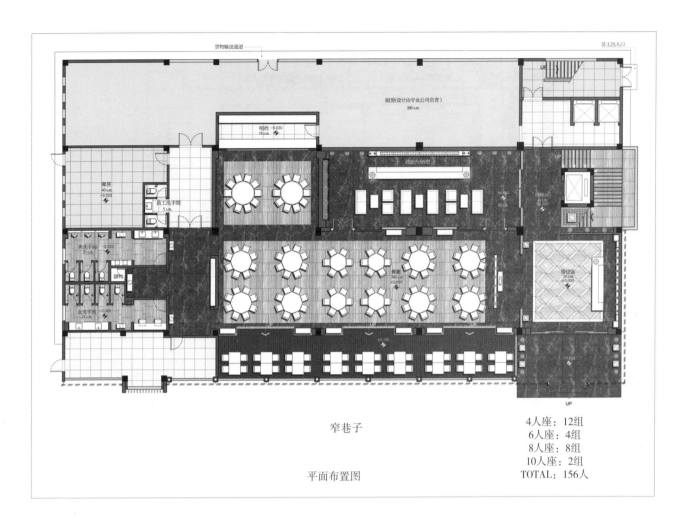

窄巷子

平面布置图

4人座：12组
6人座：4组
8人座：8组
10人座：2组
TOTAL：156人

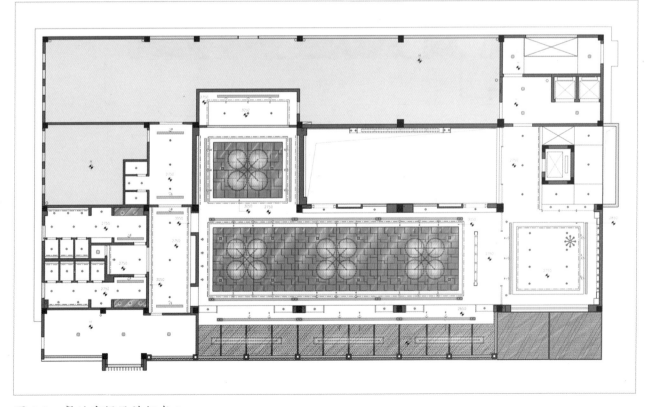

图 2-2　餐饮空间设计标书 2

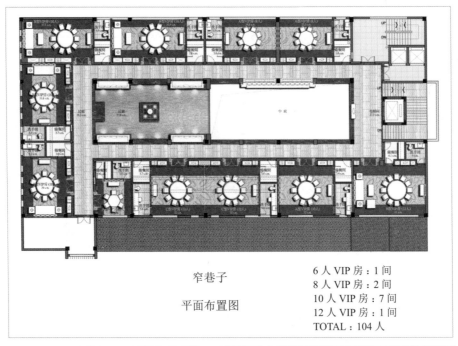

窄巷子

平面布置图

6 人 VIP 房：1 间
8 人 VIP 房：2 间
10 人 VIP 房：7 间
12 人 VIP 房：1 间
TOTAL：104 人

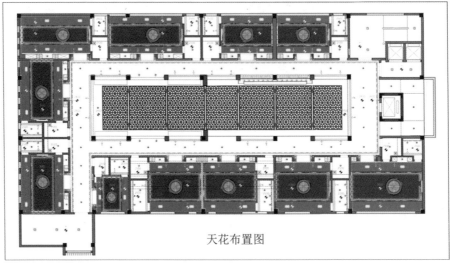

天花布置图

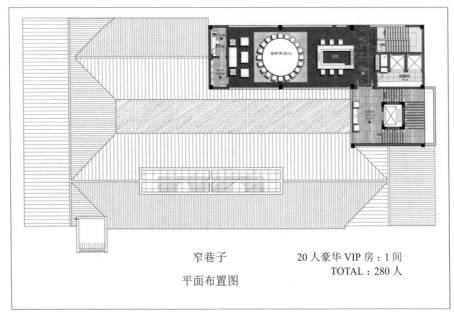

窄巷子

平面布置图

20 人豪华 VIP 房：1 间
TOTAL：280 人

图 2-3　餐饮空间设计标书 3

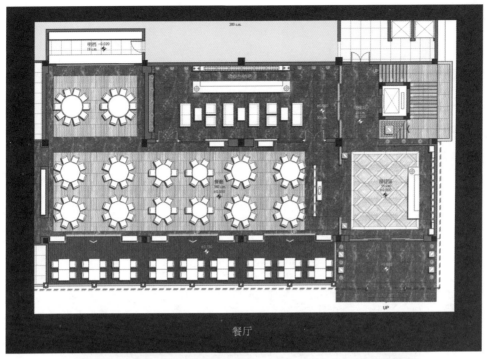

餐厅

接待区主幅气氛

接待区透视图

图 2-4　餐饮空间设计标书 4

餐厅透视图

图 2-5　餐饮空间设计标书 5

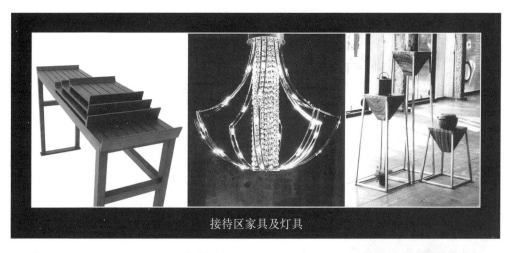

接待区家具及灯具

酒吧区气氛

酒吧区透视图

图 2-6　餐饮空间设计标书 6

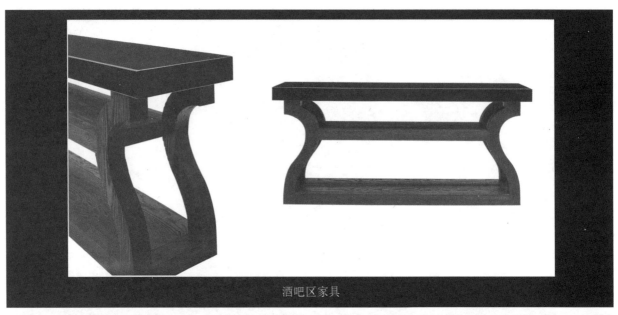

酒吧区家具

10 人 VIP 房透视图

10 人 VIP 房家具

图 2-7　餐饮空间设计标书 7

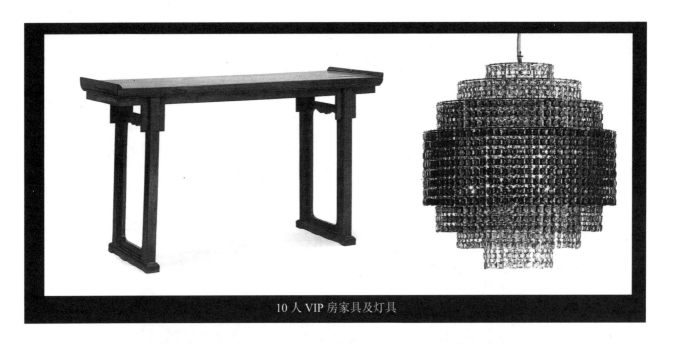

10人VIP房家具及灯具

20人豪华VIP房气氛

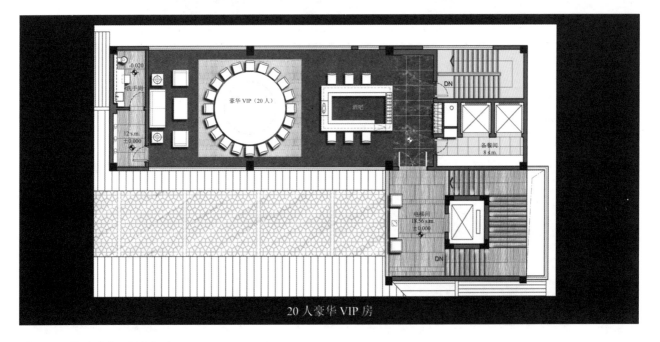

20人豪华VIP房

图 2-8　餐饮空间设计标书 8

20 人豪华 VIP 房透视图

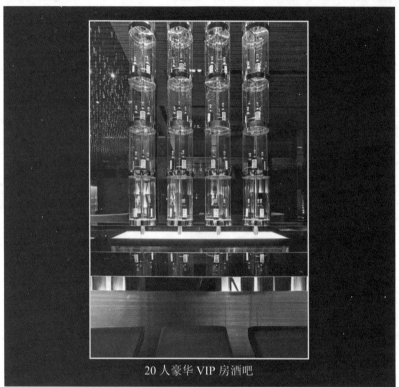

20 人豪华 VIP 房酒吧

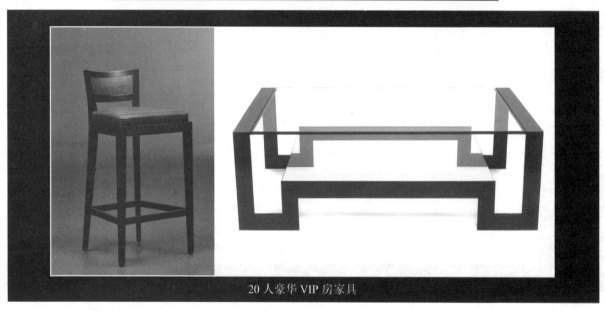

20 人豪华 VIP 房家具

图 2-9　餐饮空间设计标书 9

主入口透视图

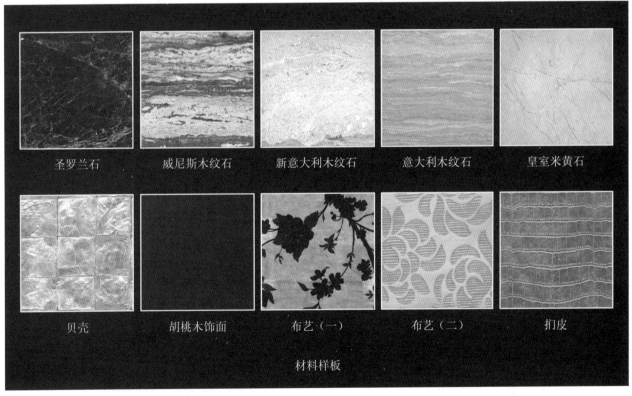

圣罗兰石　　威尼斯木纹石　　新意大利木纹石　　意大利木纹石　　皇室米黄石

贝壳　　胡桃木饰面　　布艺（一）　　布艺（二）　　扪皮

材料样板

图 2-10　餐饮空间设计标书 10

案例一： 广州番禺多美丽快餐厅设计（图2-11~图2-27）

广州番禺多美丽快餐厅设计

1. 总体设计思路

定位：为都市年轻、时尚型的消费人群提供快餐服务，整体设计理念以青春、浪漫、温馨、优雅为主旋律，体现出空间的内在品质和高雅气度。

2. 室内空间设计思路

一楼是多美丽的系列品牌咖啡厅——卡斯堡休闲咖啡厅，在功能定位上以为时尚都市青年提供一处自然、优雅和休闲的场所为设计宗旨，同时兼具过道功能。其在空间上主要划分为左右两个区域：左面的区域以临街水景和休闲卡座为主，采用自然园林式的设计手法，将立体流水景观、小水池和仿生的树枝造型等设计元素有机地结合在一起，营造出清新、自然的空间氛围；右面的区域是进入二楼多美丽餐厅的通道，在立面墙的处理上采用内凹式藏光的设计手法，将多美丽公司的标识鲜明地展示出来。

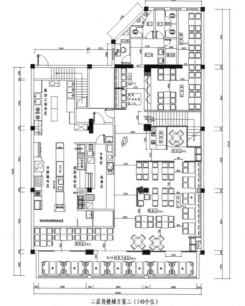

二层夜楼梯方案二（140个位）

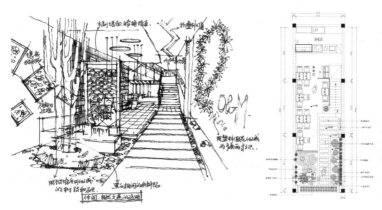

图2-11　餐饮空间设计施工图纸1

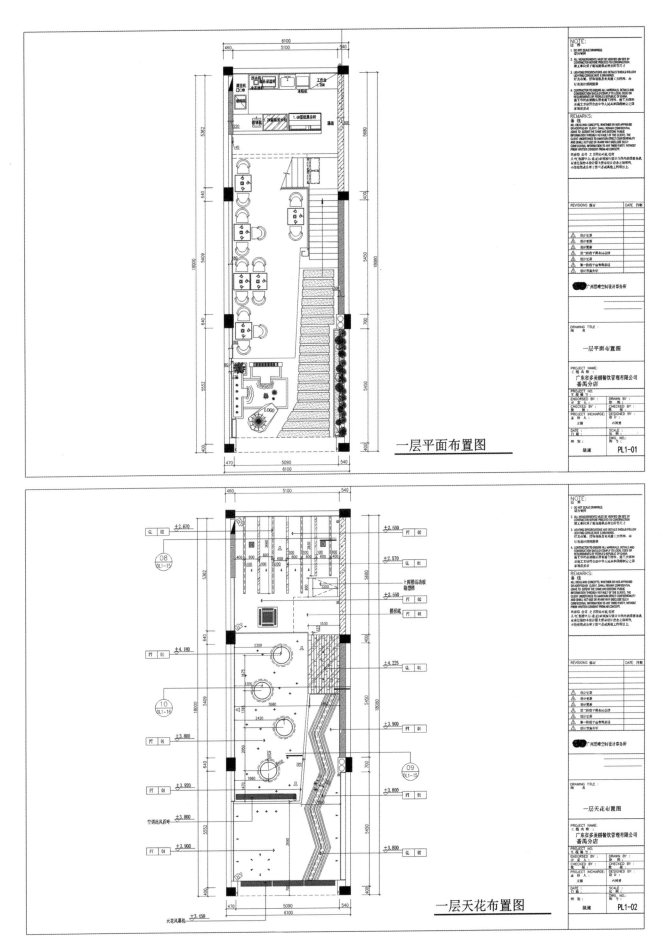

图 2-12　餐饮空间设计施工图纸 2

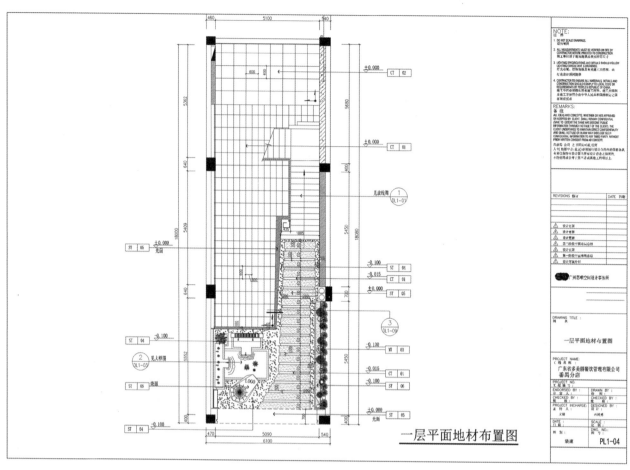

一层平面地材布置图

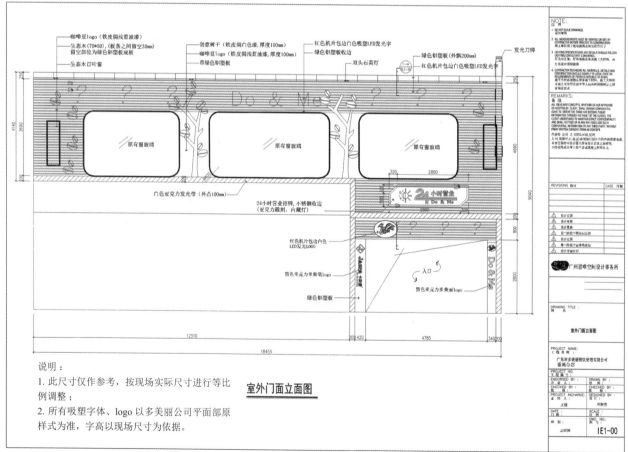

室外门面立面图

说明：

1. 此尺寸仅作参考，按现场实际尺寸进行等比例调整；

2. 所有吸塑字体、logo以多美丽公司平面部原样式为准，字高以现场尺寸为依据。

图2-13　餐饮空间设计施工图纸3

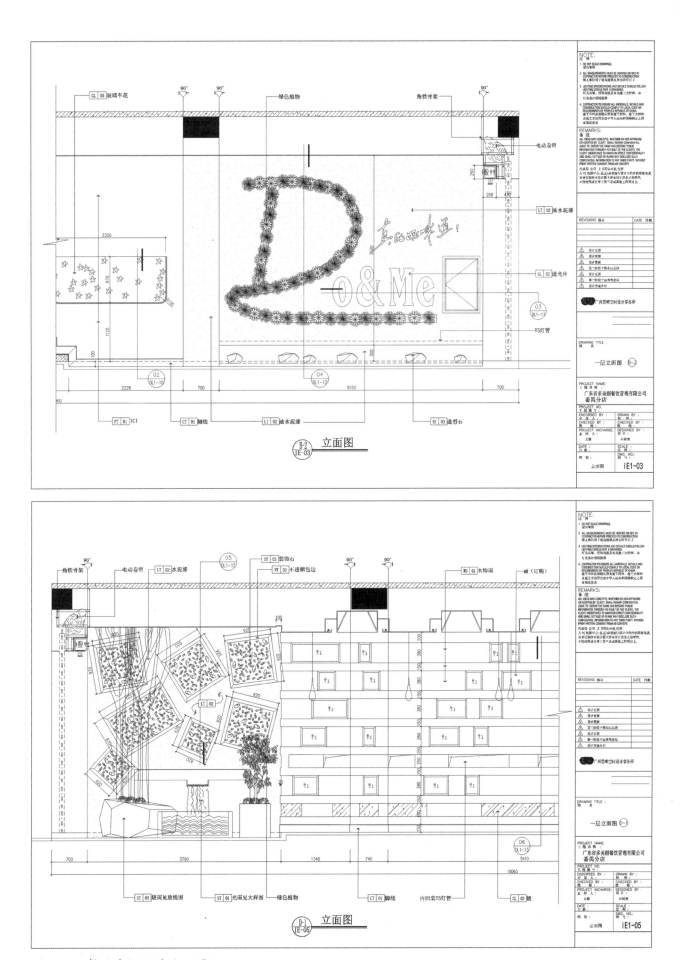

图 2-14　餐饮空间设计施工图纸 4

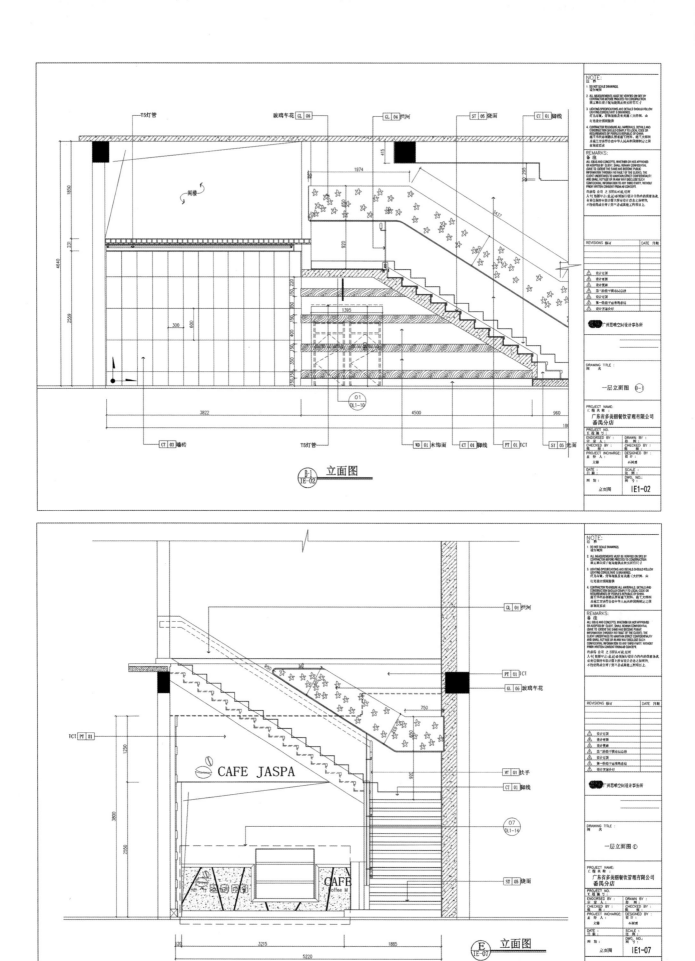

图 2-15 餐饮空间设计施工图纸 5

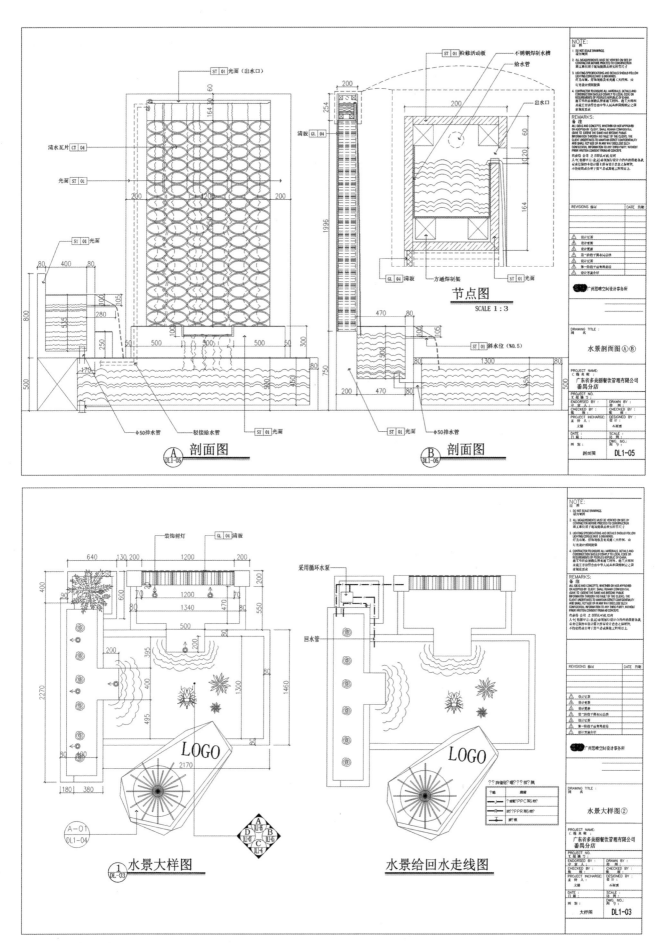

图 2-16 餐饮空间设计施工图纸 6

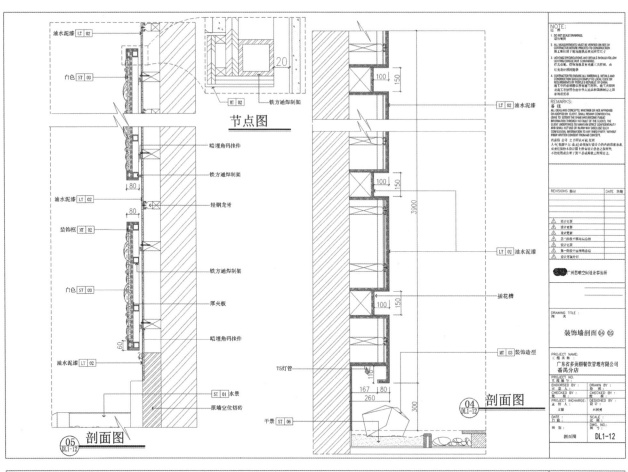

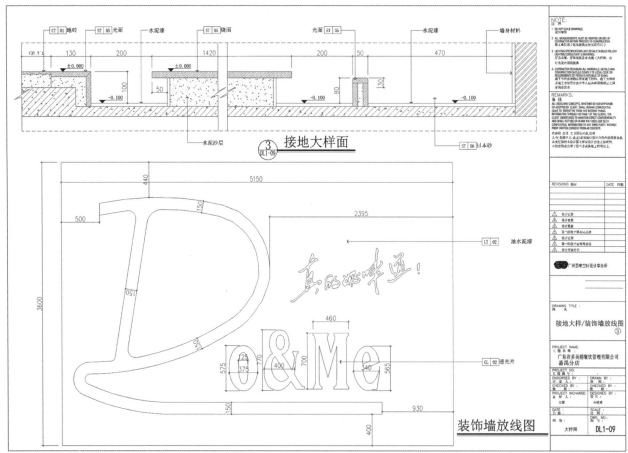

图 2-17　餐饮空间设计施工图纸 7

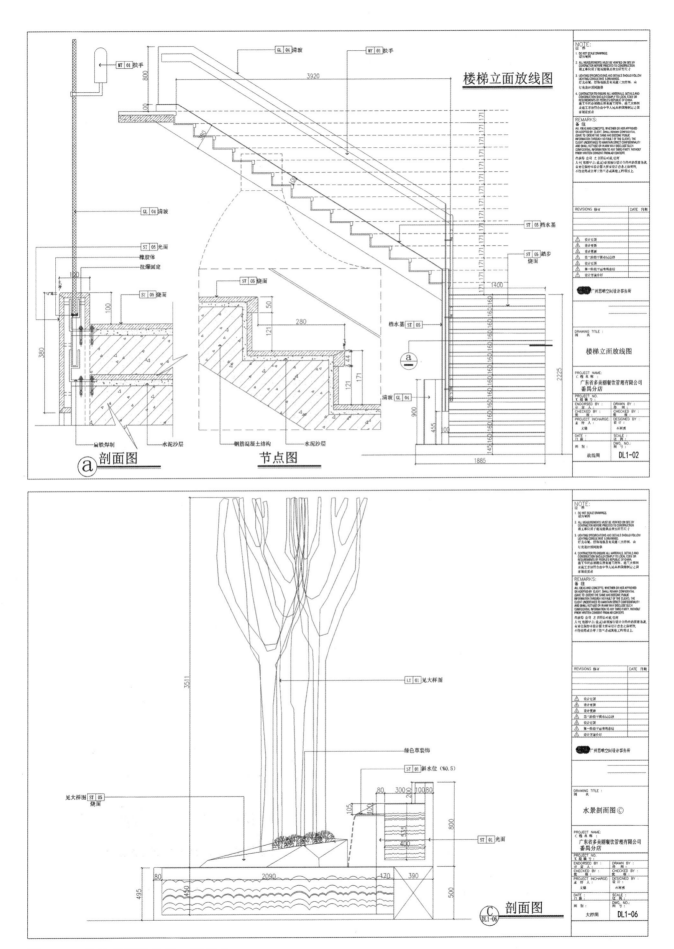

图 2-18　餐饮空间设计施工图纸 8

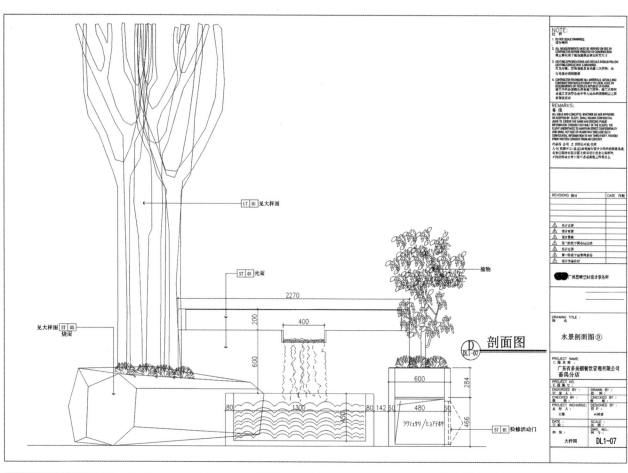

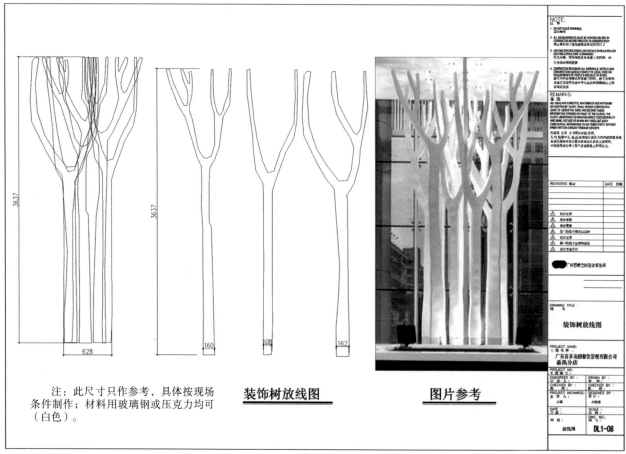

注：此尺寸只作参考，具体按现场
条件制作；材料用玻璃钢或压克力均可
（白色）。

装饰树放线图　　　　**图片参考**

图 2-19　餐饮空间设计施工图纸 9

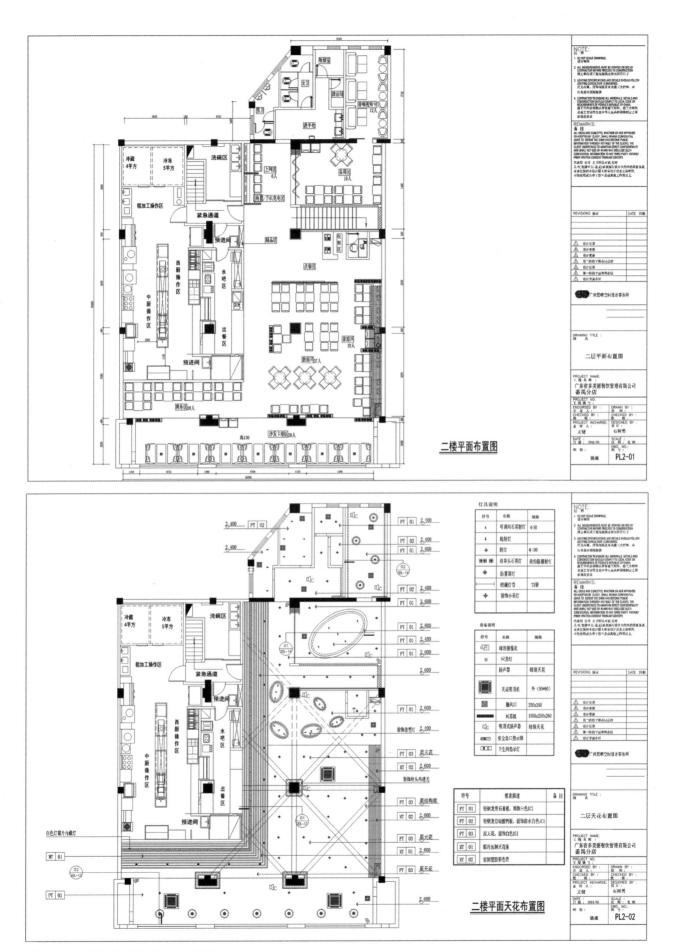

图 2-20　餐饮空间设计施工图纸 10

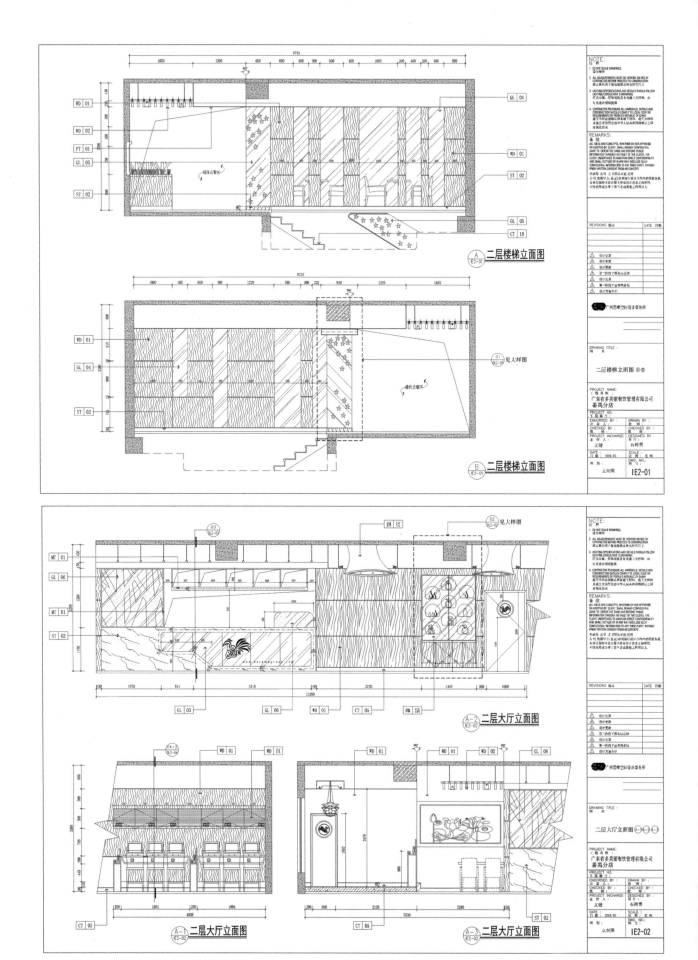

图 2-21　餐饮空间设计施工图纸 11

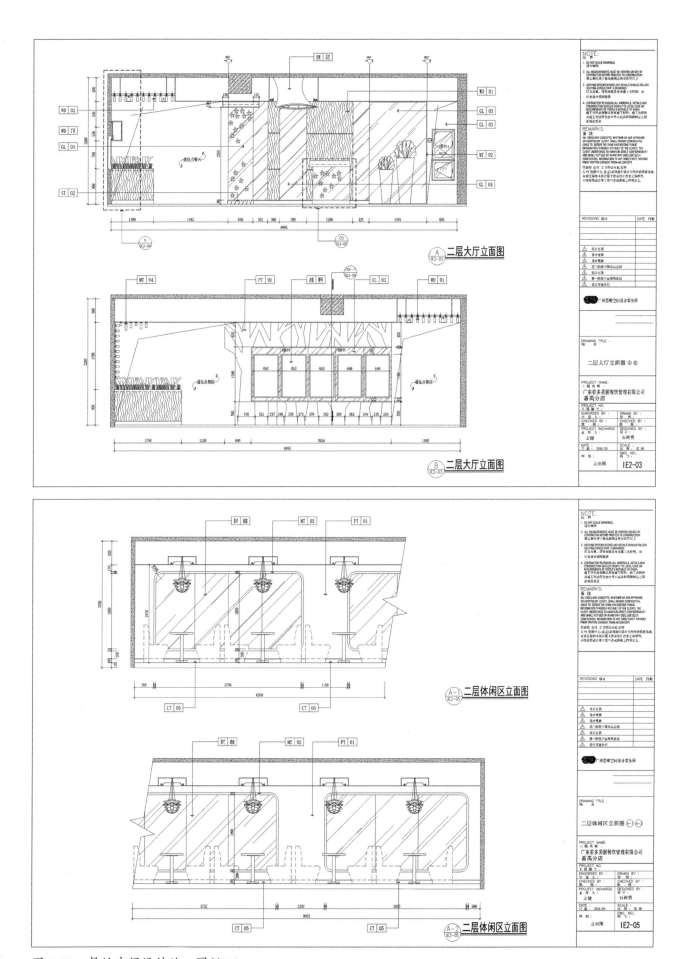

图 2-22　餐饮空间设计施工图纸 12

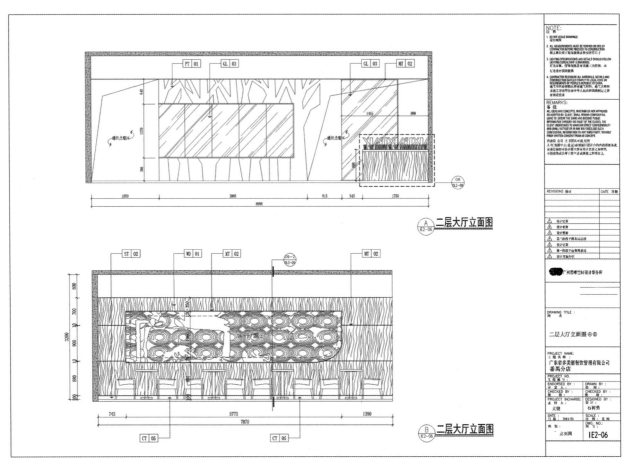

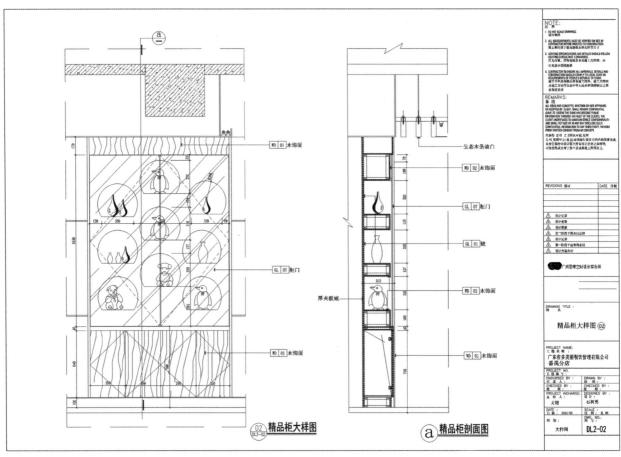

图 2-23　餐饮空间设计施工图纸 13

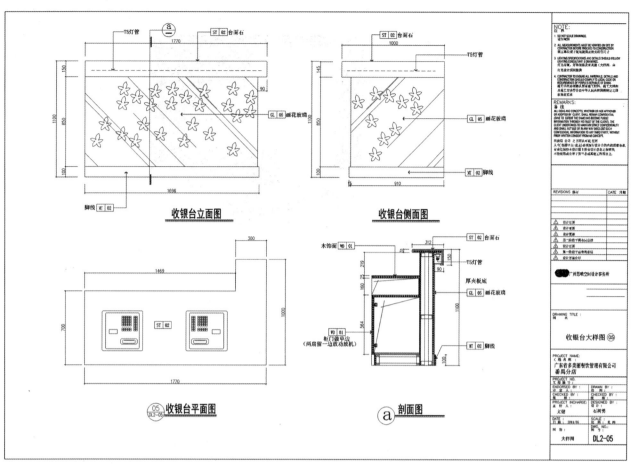

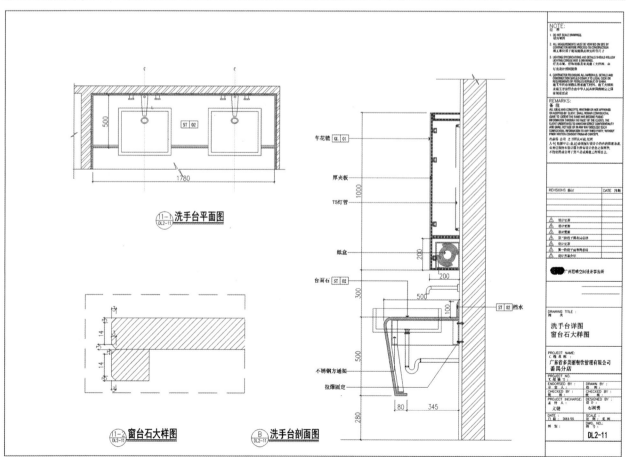

图 2-24　餐饮空间设计施工图纸 14

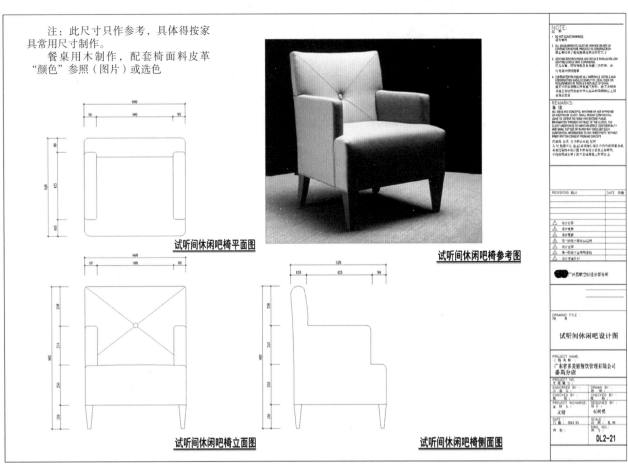

注：此尺寸只作参考，具体得按家具常用尺寸制作。

餐桌用木制作，配套椅面料皮革"颜色"参照（图片）或选色

试听间休闲吧椅平面图

试听间休闲吧椅参考图

试听间休闲吧椅立面图

试听间休闲吧椅侧面图

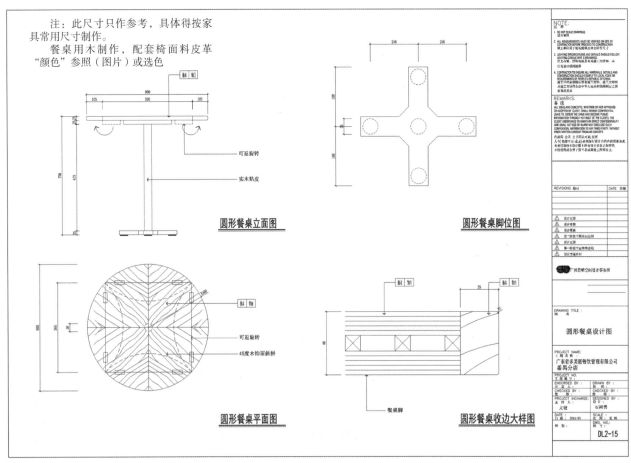

注：此尺寸只作参考，具体得按家具常用尺寸制作。

餐桌用木制作，配套椅面料皮革"颜色"参照（图片）或选色

圆形餐桌立面图

圆形餐桌脚位图

圆形餐桌平面图

圆形餐桌收边大样图

图 2-25　餐饮空间设计施工图纸 15

二楼多美丽餐厅以黄色、褐色、绿色和白色为主调，力求营造出清新、自然的就餐环境，使客人在逛街劳累之后，能放松身心，缓解疲劳。餐厅内的造型多运用仿生学的设计原理，将自然界的植物形状抽象化，变成设计所需的装饰图案，如莲藕形吊灯、花瓣形前台、树枝形隔断等。这些极具创意的设计形式，迎合了当代年轻人追求个性、崇尚新奇的性格特点，同时也为空间增添了几分情趣。

餐厅内的座椅采用实木，使空间更具天然原始的韵味；柱子采用凹凸设计加重复构成的手法，增添了空间的时尚气息；室内还通过天花吊饰及布艺、靠垫和陈设品等软装饰物营造餐厅情调，并可根据不同的环境气氛要求，调整装饰效果，避免单调感。

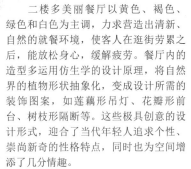

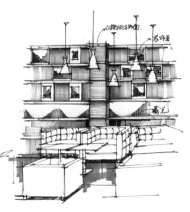

图 2-26　餐饮空间设计施工图纸 16

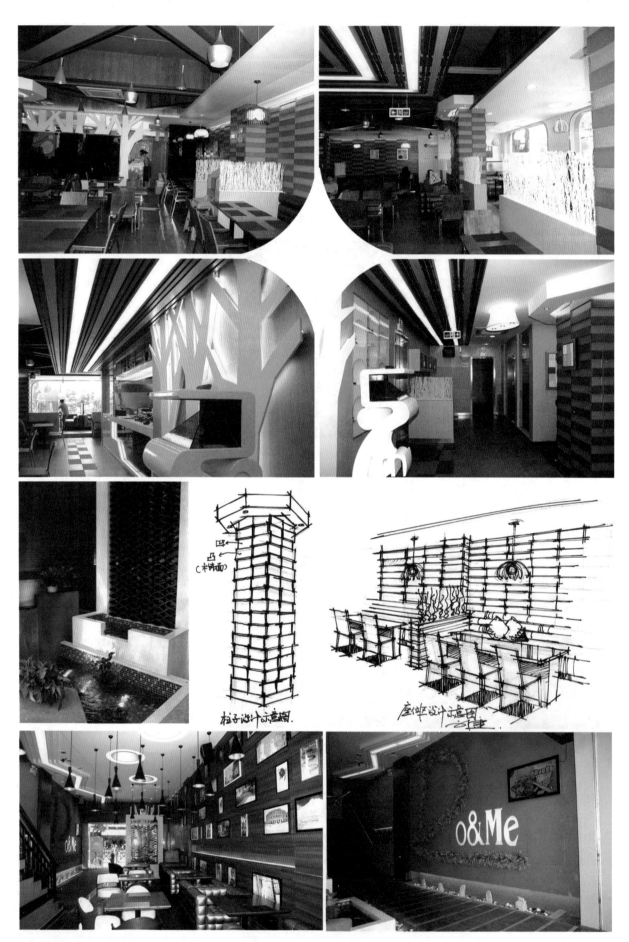

图 2-27　餐饮空间设计施工图纸 17

案例二：广州泮江酒家设计（图2-28~图2-36）

图2-28 餐饮空间设计施工图纸1

图 2-29　餐饮空间设计施工图纸 2

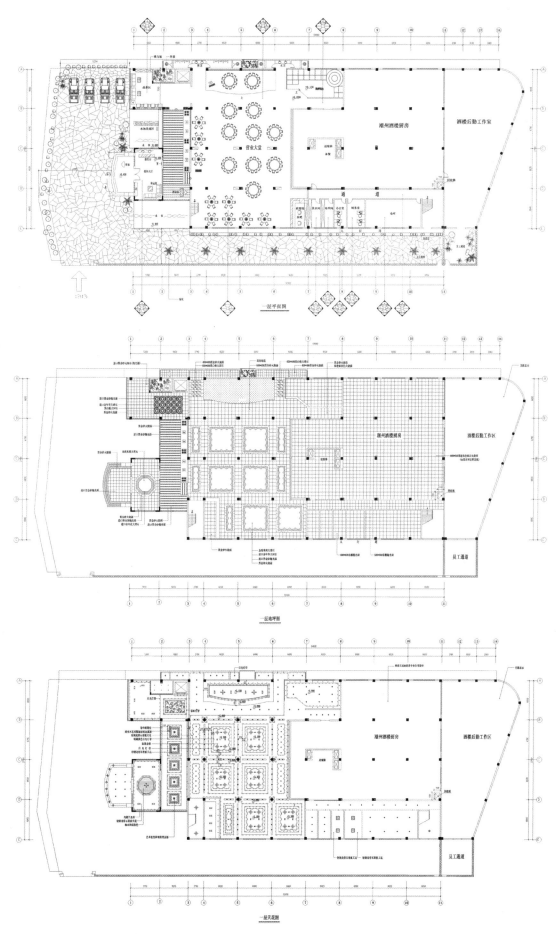

图 2-30　餐饮空间设计施工图纸 3

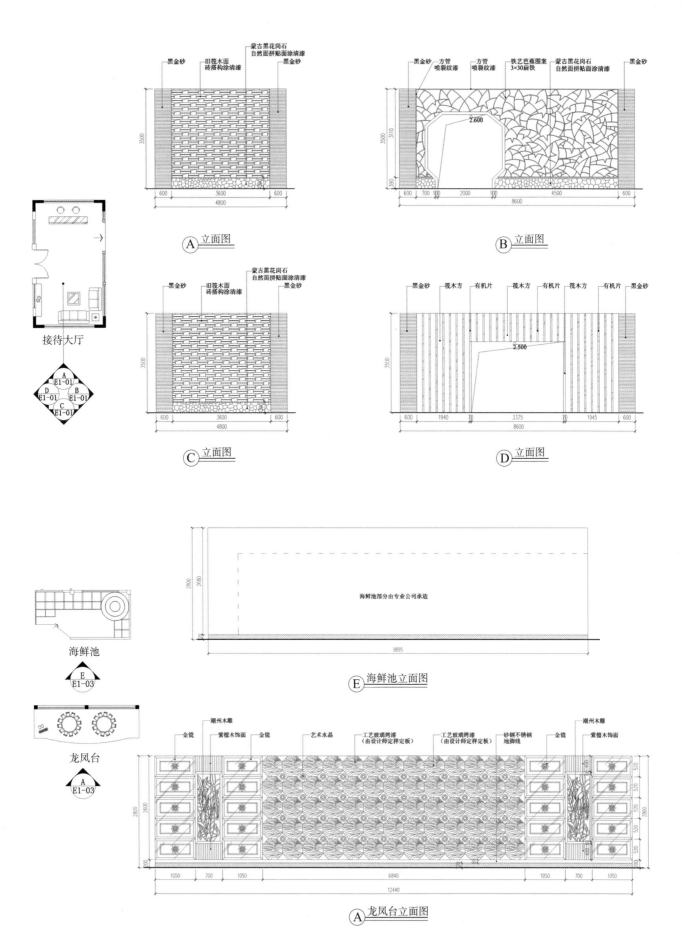

黑金砂　旧筏木面砖搭构涂清漆　蒙古黑花岗石自然面拼贴面涂清漆　黑金砂

3500

600　3600　600
4800

Ⓐ 立面图

黑金砂　方管喷裂纹漆　方管喷裂纹漆　铁艺芭蕉图案3×30扁铁　蒙古黑花岗石自然面拼贴面涂清漆　黑金砂

3500
3110
2.600
390

600　700　100　2000　100　4500　600
8600

Ⓑ 立面图

接待大厅

Ⓐ
E1-01
Ⓓ E1-01　Ⓑ E1-01
Ⓒ
E1-01

黑金砂　旧筏木面砖搭构涂清漆　蒙古黑花岗石自然面拼贴面涂清漆　黑金砂

3500

600　3600　600
4800

Ⓒ 立面图

黑金砂　筏木方　有机片　筏木方　有机片　筏木方　有机片　黑金砂

3500

2.500

600　1940　70　3375　70　1945　600
8600

Ⓓ 立面图

海鲜池

Ⓔ
E1-03

龙凤台

Ⓐ
E1-03

海鲜池部分由专业公司承造

2800
2680

9895

Ⓔ 海鲜池立面图

金镜　潮州木雕　紫檀木饰面　金镜　艺术水晶　工艺玻璃烤漆（由设计师定样定板）　工艺玻璃烤漆（由设计师定样定板）　砂钢不锈钢地脚线　金镜　潮州木雕　紫檀木饰面

2600

520　520　520　520　520
500

1050　700　1050　6840　1050　700　1050
12440

Ⓐ 龙凤台立面图

图 2-31　餐饮空间设计施工图纸 4

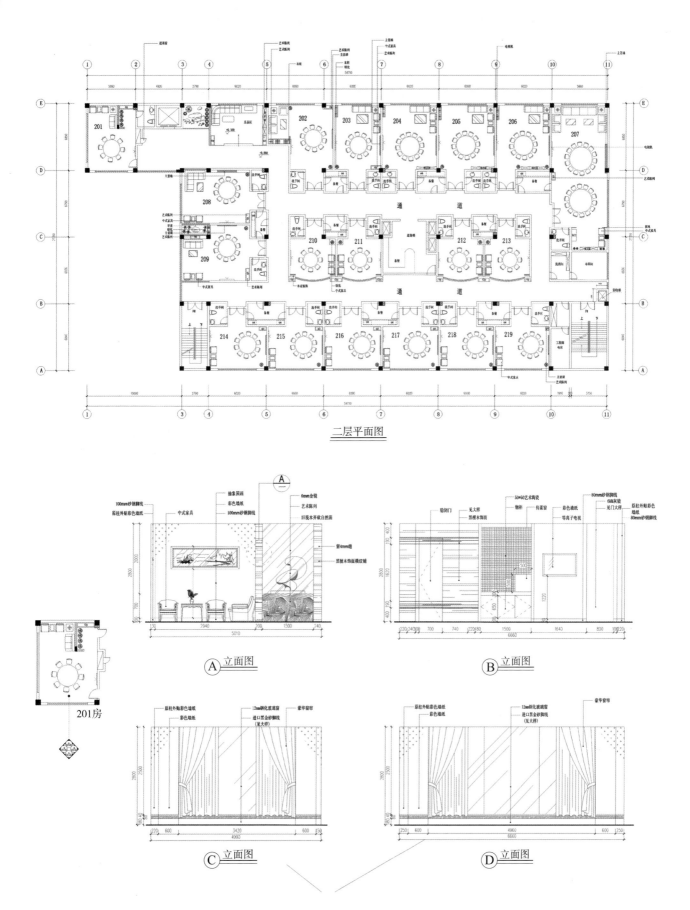

图 2-32　餐饮空间设计施工图纸 5

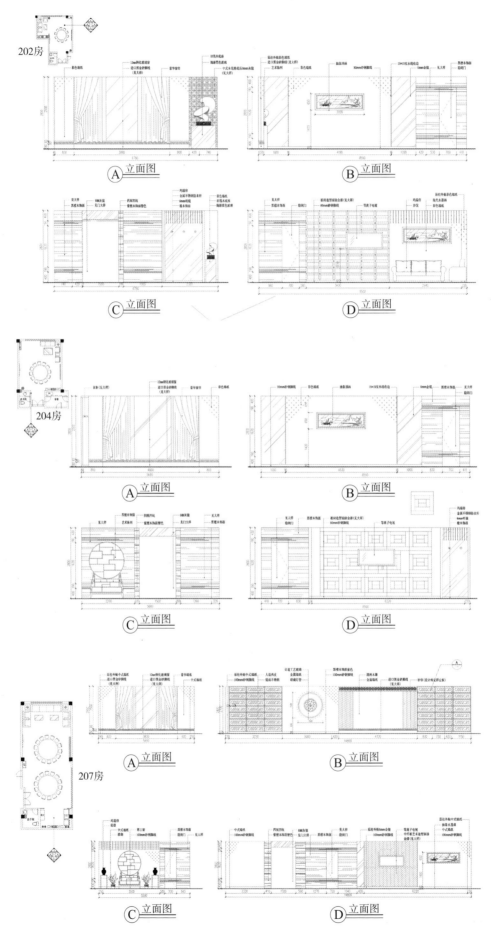

图 2-33　餐饮空间设计施工图纸 6

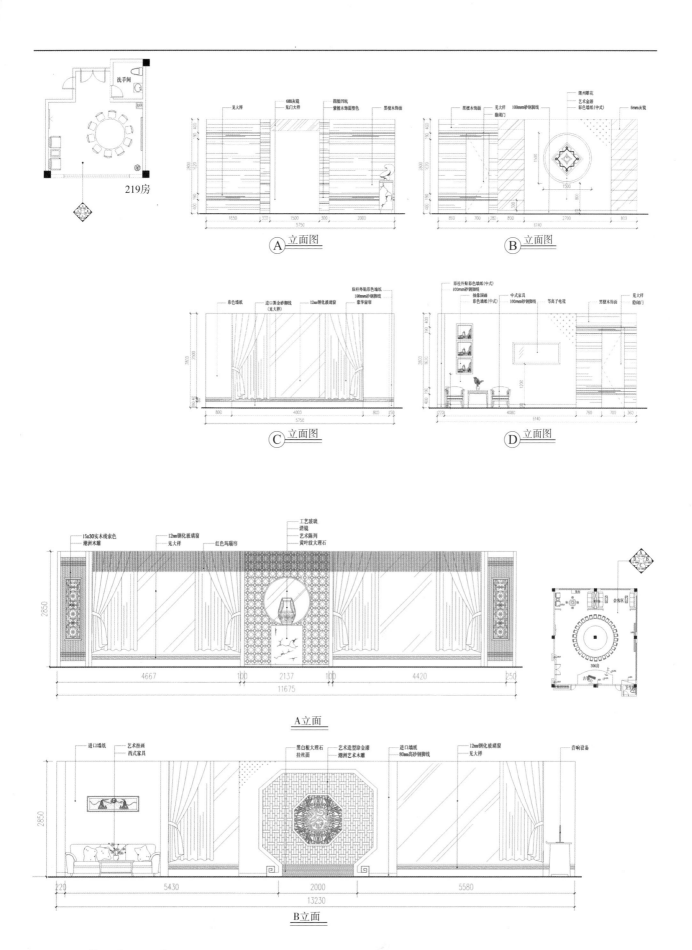

图 2-34　餐饮空间设计施工图纸 7

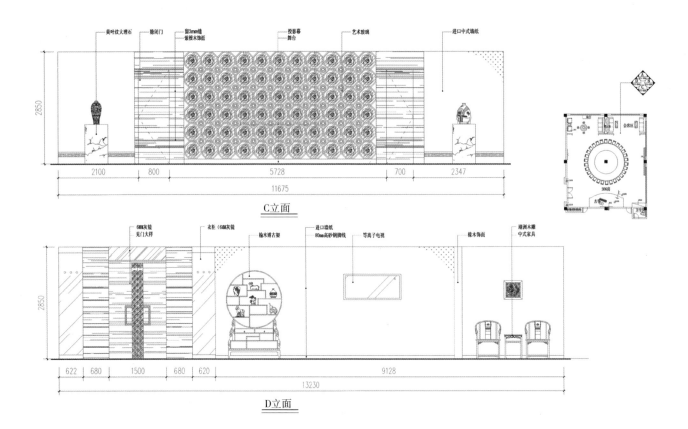

C立面

D立面

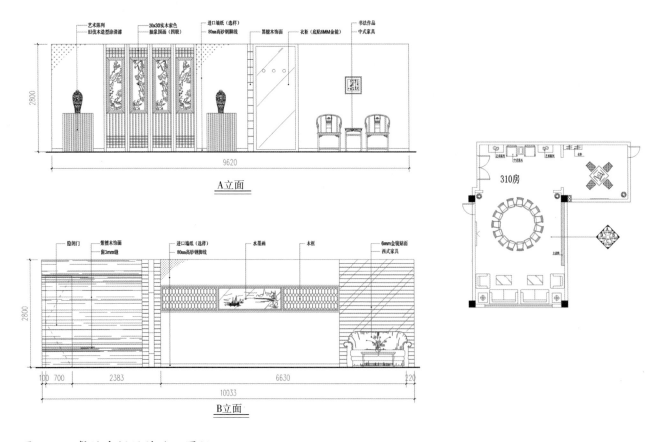

A立面

B立面

图 2-35　餐饮空间设计施工图纸 8

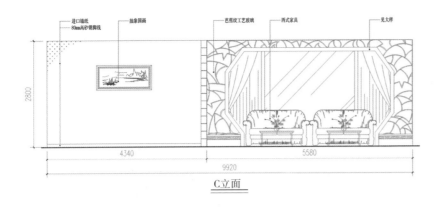

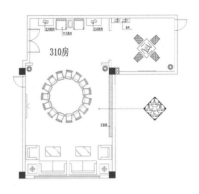

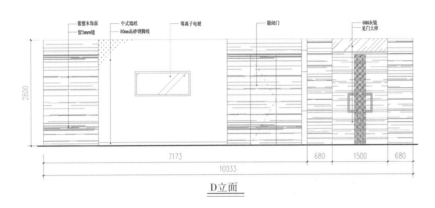

图 2-36　餐饮空间设计施工图纸 9

四、餐饮空间设计的立面造型方法和技巧

　　餐饮空间的立面造型设计首先应根据室内的风格进行设计，欧式和中式古典风格的室内空间造型常用对称、重复的样式，形成庄重、典雅的视觉效果；同时，结合欧式和中式的经典造型元素，如罗马柱、装饰石膏线条、壁炉、中式窗花格、石鼓、屏风等来营造空间的氛围；现代风格的室内空间造型则多运用构成的设计手法，如形体的重复、线条的疏密变化和曲直变化、体块的凹凸变化、材料的深浅变化等。

　　餐饮空间的立面造型设计还应与室内的照明和色彩设计相结合，通过重点照明突出主要的形体特征，形成层次感；通过色彩的合理搭配，形成室内"大协调、小对比"的空间视觉效果。

　　餐饮空间设计的立面造型方法和技巧如图 2-37～图 2-45 所示。

图 2-37　餐饮空间设计立面造型分析图 1

大玻璃开窗的设计将室外的景观引入室内，这种借景的设计手法在中国古代园林设计中较常使用

竹帘和半通透的木条格使室内空间与室外空间有种隔而不断的效果，增添了空间的趣味

连续重复的木格栅形成局部的虚拟空间效果，围合成具有一定私密性的就餐区，使空间的类型更加丰富

地面的深色配合整体空间环境的重色调，营造出宁静、朴实的就餐环境

中式古典风格的木格栅做天花，使室内古色古香，极具中国传统文化的底蕴

抽象水墨画为室内空间增添了一股艺术气息

竹编的装饰吊灯显得清新、自然，通过灯光的照射，其光影形成优美的幻影效果

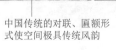

左右对称的佛像使空间稳定、庄重，也增添了佛教文化气息

中国传统的对联、匾额形式使空间极具传统风韵

木纹清晰的茶艺台显现出纯天然的肌理美感

镂空的木格屏风使空间隔而不断，弹性地分割了空间

图 2-38　餐饮空间设计立面造型分析图 2

塑料片大面积悬吊的天花效果柔化了就餐空间，增强了餐厅的亲切感

白色树枝配合蓝色玻璃背景使就餐环境显得生机盎然，这种仿生设计广泛地应用于公共空间

镜面的反射效果增添了空间的趣味性

天花没有吊顶，而是将暴露出来的管道用深灰色油漆进行粉饰。这种做法源自高技派的设计风格，显示出对现代工业文明的推崇

地面的仿古地砖采用几何形错拼的方法，使地面的形式更加活泼，变化更加丰富，有效地避免了大面积地面容易单调的问题

室内植物造景与室外景观交相辉映，营造出清新、雅致的就餐环境

树枝肌理纹的窗户设计丰富了空间的视觉效果，装饰感极强，给人以自然、朴实的感觉

爵士白大理石的裂纹与窗户的树枝肌理效果很好地协调起来，丰富了视觉感官

图 2-39　餐饮空间设计立面造型分析图 3

按照中国工笔国画图案
定制的墙纸表现出中国
传统文化特有的韵味，
成为餐厅的视觉焦点

凹凸变化的圆木桩
使墙面造型表现出
强烈的节奏感和韵
律感，粗犷的材质
效果也为空间增添
了田园野趣

大小不同的青花瓷碗形
成强烈节奏感和韵律
感，给人以极强的视觉
冲击力

粗犷的石头给人以原
始、野性的美感，创
造出休闲、自然的就
餐氛围

纯净、素雅的白色布艺吊灯
使空间更加柔和

大玻璃开窗将室外景观一览无
遗，延伸了视野，开阔了空间

布艺帷幔做成的天花造型，柔化了室内的
灯光，并使空间更加轻柔，更加人性化

图 2-40　餐饮空间设计立面造型分析图 4

楼梯边上的绿化可以丰富景观视觉效果，使单调的过道焕发生机和活力

在灯光照射下植物与其的阴影相映成趣，形成虚实变化的画面

局部天花配合重点照明形成空间的重点

绿化物与红陶罐、鹅卵石的组合显得清新、自然，向上照射的灯光也提升了景观的瞩目性

水波纹形的立面造型使方正的空间产生动感变化，防止了空间的单调感和呆板效果

独立的一盏吊灯形成点的聚焦效果，丰富了空间的抽象构成形式

凹凸的水纹墙在灯光的照射下层次更加丰富，识别度也更高

图 2-41　餐饮空间设计立面造型分析图 5

凹凸变化的方块形镜面效果使立面造型充满节奏感和韵律感，给人以迷幻、奇特的感觉

天花的镜面效果与立面的造型形成很好的呼应关系，避免了空间的单调感

利用光在材料的反射性和折射性制造出视觉的新奇、梦幻效果

图 2-42　餐饮空间设计立面造型分析图 6

圆弧形叠加形成局部空间的围台，使就餐区域实现弹性的分割

绿色的餐椅配合黄色的灯光效果，使室内焕发出自然的清新感

高低错落的墙面装饰造型加强了空间的节奏感和韵律感，使空间形式生动、活泼，显示出商业空间与家居空间的差别

水景将就餐区域围合成独立的小岛，弹性地划分了区域，也增添了就餐的情趣

仿造自然界水波和鱼游的效果设计而成的立面造型

灯光的重点照射增强了造型的立体感，不仅形成了空间的视觉中心，而且创造出温馨、浪漫的就餐氛围

圆形镜面天花与圆形的餐桌形成很好的呼应，镜面的反射效果也增添了空间的趣味性

中国工笔国画牡丹作为壁纸图案，使房间散发出浓郁的古典气息

中式格栅造型使立面造型更加丰富，视觉焦点更加集中

酷似羽毛状的天花造型使空间看上去更加亲切、柔和

图 2-43　餐饮空间设计立面造型分析图 7

树叶造型的吊灯形成空间的装饰点缀，使空间更加丰富，更具灵性

点状分布的吊灯使空间更具节奏感

通过夸张的手法将中式传统衣架放大成为造型样式，显得新颖、独特，又不失古典气质

云纹的大理石拼花丰富了地面的形式美感，也使中式风格的设计理念贯穿空间的每个角落

红砖饰面的酒柜显得粗犷、自然

射灯的聚光效果营造出室内温馨、浪漫的情调

重复设置的以酒的商标为主题的圆形灯箱，使立面造型独具特色，隐喻了酒文化的内涵

重复设置的烛台形成点的构成效果，使立面造型更具观赏性，在灯光照射下，烛台立体感更强

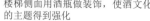

文化石作为吧台立面材料显示出酒吧文化独有的野性和浪漫情调

楼梯侧面用酒瓶做装饰，使酒文化的主题得到强化

图 2-44　餐饮空间设计立面造型分析图 8

下垂的红丝线弹性分割了空间，其曲线的样式
与座位形成呼应，也丰富了空间的装饰效果

曲线形的天花造型极具动感，使
餐厅空间灵动、自然

曲线形的座位设计既保证了就餐的独立
性，又增添了空间的灵动感

交错的座位设计节约了就餐空间，也使就
餐环境更加融洽

云纹形的天花传递出中式传统图案特有的韵
味，显得独特、新颖，极具人文气息

以云形图案作为餐桌之间的隔断，显得
独具特色，极具创新效果

图 2-45　餐饮空间设计立面造型分析图 9

1. 餐饮空间设计时应注意哪些问题？

2. 什么是餐饮空间设计标书？其主要内容有哪些？

任务二　餐饮空间设计案例分析

【学习目标】

1. 通过餐饮空间设计案例分析，总结餐饮空间设计的方法和技巧；

2. 收集餐饮空间设计资料，为餐饮空间项目设计积累经验。

【教学方法】

1. 图片展示与分析结合课堂提问，通过成套的餐饮空间设计案例分析与讲解，启发和引导学生的设计思维，培养学生的设计创作能力，提高学生的审美能力；

2. 遵循教师为主导、学生为主体的原则，通过小组讨论法和角色扮演法（教师扮演客户，学生扮演设计师）调动激发学生的学习积极性，提高学生的参与热情，变被动学习为主动学习。

【学习要点】

1. 掌握餐饮空间设计案例的设计技巧和方法；

2. 能分析出餐饮空间设计案例的装饰技巧。

餐饮空间设计案例分析如图 2-46 ～图 2-61 所示。

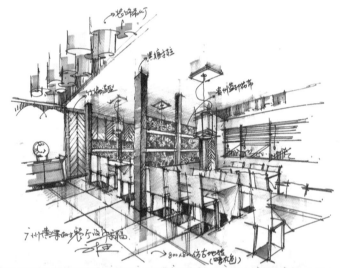

广州黄果树餐厅设计的主材以木材和藤编材料为主，展现出清新、自然的视觉效果。餐厅的色彩以木色、蓝色和红色为主调，稳重中不失艳丽，古朴但不呆板，营造出舒适、优雅、淳朴、自然的就餐环境。

图 2-46　餐饮空间设计案例 1

图 2-47　餐饮空间设计案例 2

现代风格餐厅设计

  本案大胆采用曲线和曲面的设计元素，使室内空间表现出强烈的动感，形成灵动、活泼、自由的视觉效果。本案的色彩浓重、深沉、饱和，配合柔和的灯光效果，表现出室内温馨、宁静、浪漫的气氛。

图 2-48 餐饮空间设计案例 3

妙香山韩国烤肉店设计

图 2-49　餐饮空间设计案例 4

浅草日式料理店设计

浅草日式料理店设计

图 2-50 餐饮空间设计案例 5

尚浙餐厅设计

图 2-51　餐饮空间设计案例 6

2018面馆设计

图 2-52　餐饮空间设计案例 7

望江南中餐厅设计

　　本案在设计中以中式古典风格为基调，将中国传统文化底蕴融入设计之中，展现出室内古色古香、清新典雅的品质。

　　本案将中国江南地区的水乡效果引入空间设计之中，室内模拟出小桥流水、荷塘竹林的意境，甚至将饭桌移到小舟上，表现出江南水乡特有的风貌。本案对传统元素的提炼也较为精炼，青花瓷、红灯笼、木刻屏风、鸟笼等都合理地布置在室内的各个角落，让人仿佛穿越时空，回到古代的生活中。

图 2-53　餐饮空间设计案例 8

图 2-54 餐饮空间设计案例 9

图 2-55　餐饮空间设计案例 10

许发记餐厅设计

大鱼铁板烧餐厅设计

图 2-56　餐饮空间设计案例 11

线形行餐厅设计

图 2-57 餐饮空间设计案例 12

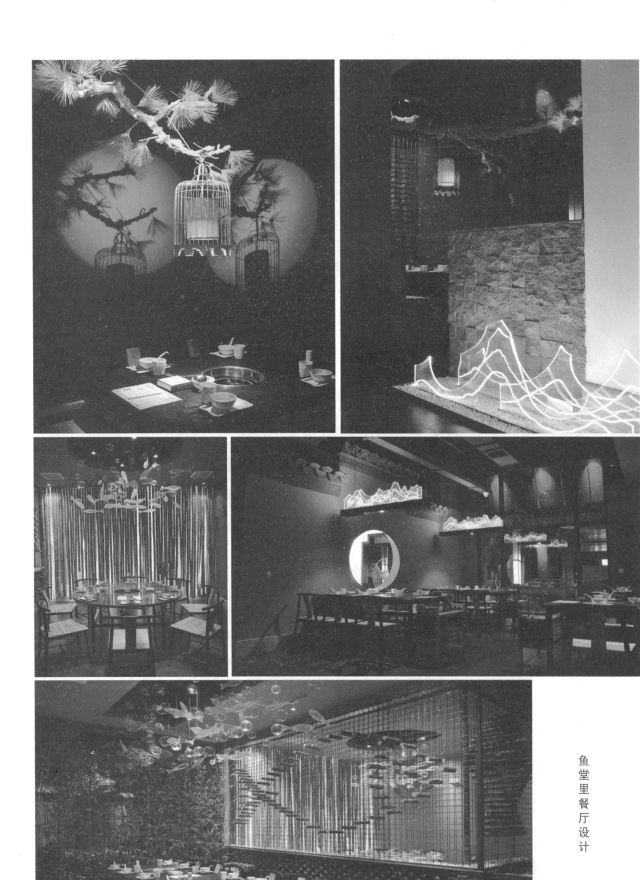

图 2-58　餐饮空间设计案例 13

鱼堂里餐厅设计

易小面餐厅设计

图 2-59　餐饮空间设计案例 14

图 2-60　餐饮空间设计案例 15

木马勺餐厅设计

图 2-61　餐饮空间设计案例 16

1. 教师提供一套餐饮空间设计案例，学生分析设计思路，并撰写 300 字左右的设计说明。

2. 教师提供一套餐饮空间设计平面方案，学生练习设计。

室内方案设计专题之会所空间设计

【学习目标】

1. 了解会所空间设计的分类和特点；

2. 掌握会所空间的设计技巧；

3. 通过会所空间设计案例分析，总结会所空间设计的装饰技巧。

【教学方法】

1. 讲授、图片展示结合课堂提问，通过大量的精美会所空间设计图片的展示和实战设计案例的分析与讲解，启发和引导学生的设计思维，培养学生的造型能力，提高学生的审美能力；

2. 着重对会所空间设计的含义、类型、功能等进行阐述，并引用不同类型的会所设计案例，从专业的角度对空间进行深度的剖析，使学生更加明确会所设计的方法与技巧。

【学习要点】

1. 了解会所的分类和特点，掌握会所设计的基础知识；

2. 掌握会所空间设计的方法和技巧，提升学生的设计思维能力和设计表达能力。

任务一　掌握会所空间设计的方法和技巧

一、会所的由来与发展

"生着炭火壁炉的大客厅里，工程师、银行家、酒商、英国国家银行董事围坐，会所里铺着镶花地板、装着蓝花玻璃的拱顶，下面撑着二十根红云斑石的希腊爱奥尼式的圆柱子。那些身穿黑礼服、脚蹬厚绒软底鞋、态度庄重的侍者，总要给会员端上别致的器皿，放在萨克斯出产的花纹漂亮的桌布上。会所里那些式样古朴的水晶杯，也总是装满西班牙白葡萄酒、葡萄牙红葡萄酒或是掺着香桂皮、香薇和肉桂的粉红葡萄酒。为了保持饮料清凉可口，在那个没有制冷设备的时代，会所还要花很大费用从美洲纯净的湖泊里运来冰块……"这是儒勒·凡尔纳在《八十天环游地球》中的一段关于主人公福克所在的会所的描写。华丽的环境、讲究的摆设、轻松的交流及顾客至上的服务道出了会所的社交、享乐的特点。

会所是 20 世纪由西方传入中国的名词，意思是身份不凡人士聚会的场所，也是经济不断繁荣发展而诞生的物质消费场所。随着生活质量的不断提高，一批社会精英和高端商务人士以会员的形式参加一些公开或不公开的会所，与同等身份或拥有共同爱好的人交友、分享，在扩大自己交际圈子之余，也结识更多的商务合作伙伴。近年来，通过会所来进行商务活动与交际也成为一种流行的社交方式。出入会所俨然已经成了一种新的时尚。在这种大环境下，会所设计已成为室内设计的热点和重点。

随着生活水平的提高，人们对居住的需求从基本生理需求的满足逐步向心理与文化领域的更高层次推进，住区不单是居住的功能，同时也是人们思想与情感交流的场所。随着住宅的大面积开发和建设，住宅会所这一独特的建筑类型得以快速发展。住宅建筑设计可能因为出色的会所设计而面貌一新，因此从房地产开发及购房者的角度来看，住宅会所建筑在整个规划设计中占有十分关键且重要的地位。演变至今，会所已成为物业项目的配套设施之一；买房人在考察楼盘时，从关心项目的价格、位置、交通、户型等，进而开始注重社区的公共设施，会所也成为吸引买房人目光的必备武器。会所设计如图 3-1 所示。

图 3-1 会所设计

二、会所的分类

会所从功能设置、经营模式和使用范围三方面可以分为以下几种类型。

（1）按功能设置分为综合型会所和主题型会所。前者为绝大多数会所采取的方式,内设功能区域较多,没有突出主题,是一个相对大而全的会所；后者则侧重于功能设定中的某一项内容或整个会所定位为一个主题会所,如成都的私藏生活馆是以"私藏"这一主题为切入点的。如图 3-2 和图 3-3 所示。

图 3-2 成都的私藏生活馆

图 3-3　KTV 会所设计（广州番禹天幕广场 KTV）

（2）按经营模式分为营利型会所和非营利型会所。市场上的会所多数为营利型会所，其按管理模式又细分为会员制和非会员制两种形式，但在会员吸纳收费和服务方面各家会所又有较大差别。非营利型会所实质上是一种免费会所，这种会所市场上极少，当然服务内容也往往大打折扣。

（3）从使用范围上看，会所可分为公共会所和社区会所。公共会所的使用者不做任何限定，面向大众开放，但绝大部分采用会员制的形式存在。社区会所大多只面向社区业主，也有采用会员制的，其中部分社区会所为确保经营持久，也对外服务。

公共会所又分为商业类会所和度假类会所。商业类会所是以商业为主的俱乐部会所，其多为会员制，收费较高，常采用国际集团式管理。现在北京几家著名的俱乐部，如长安俱乐部、京城俱乐部、北京美洲俱乐部、青鸟健身俱乐部、中体倍力健身俱乐部等都是这种会所。度假类会所多以休闲、娱乐为主，功能类似度假型酒店。如图 3-4 和图 3-5 所示。

会所中比较多的是住宅会所。所谓住宅会所，是指在居住区为居民服务的会所。社区会所大多以主题形式存在，可分为生活型、健康休闲型、文化型。如北京宝星园社区内的阳光双会所、今典花园的今典潜水俱乐部、通用国际的 SPA 会所等。如图 3-6 所示。

万向湖畔晓风售楼会所设计

图 3-4　商业类会所

图 3-5 　度假类会所

图 3-6 　社区会所

三、会所的特点

会所空间主要有以下几个方面的特点。

1. 空间功能的特点

首先，会所空间并不具有固定的空间形式，休闲会所更多的是一种功能性场所。由于会所的规模与其开发程度和市场定位有关，其形式既可以是独立的建筑或一系列建筑，也可以镶嵌于某一建筑之内。其次，会所的实体性使其成为城市空间的组成部分，并与酒吧、咖啡馆、购物中心、商务中心等空间共同构成城市集体空间。最后，会所是延伸第一场所家庭、第二场所办公室和学校的第三场所，为人们在家庭和工作之外发展基于共同兴趣爱好、非功利性的社会关系提供交往场所。

2. 商品功能的特点

会所的商业模式是体验式模式，其功能的维系依靠于向顾客提供的娱乐、教育，以及审美的体验；同时通过硬件设施、软件服务、配套管理为会员提供体验服务。休闲会所的空间是为了向消费者更有效地提供服务和体验，与消费场所或娱乐场所单纯提供物质商品不同，会所通过对会员展开服务，使会员体验到会所的宗旨，进而转化成会员的凝聚力，并为企业创造收益。

3. 文化功能的特点

会所文化功能来源于以下方面。首先，体验经济具有文化属性，体验经济所描述的体验类型与文化空间的基本功能相同。体验经济不只是一种经济形态，更深层次的是传播文化，休闲会所都致力于提供差别性的文化概念以突出其自身的经营特色。其次，休闲会所在向各社会群体提供交往功能的过程中，也形成了文化交流的契机，既汇集了不同社会群体的文化概念，又创新出代表休闲会所标志性的文化形式。

会所是以休闲娱乐和共同参与为主旨的存在空间，是城市群体在满足了基本需求后，对更高层次需求的满足，它成为人们分享社会资源的原点和情感沟通的枢纽，在城市与人的心理之间建立了缓冲地带。

四、会所设计的技巧

会所在设计时应满足以下原则和要求：

① 分区明确，布局合理，联系方便，互不干扰；

② 合理、高效地组织交通，人流和物流分开；

③ 有必要的室外场地；

④ 场地设计要因地制宜，集中紧凑，节约用地；

⑤ 充分考虑基地客观自然条件及人文景观，做到与周围环境相协调，与环境共生存。

同时，会所满足不同使用群体的行为需要主要有以下两层意思。

（1）设计者要考虑到会所主要针对的会员群体是谁，主要是为谁服务的。只有明确了主要服务对象，才能对会所的功能进行准确定位。如商务型会所，主要服务对象是商界人士，主要提供的服务项目包括商务会议、商务洽谈、会议间隙的休闲娱乐等。这样的会所其内部功能空间主要有会议室、报告厅、会客厅、自助餐厅、休闲咖啡厅等。如图3-7～图3-22所示。

（2）设计者要重视对不同年龄、不同文化背景群体的会员的需求分析。会所的功能设置在满足不同年龄群体的行为需要上除了要在设置的科目上考虑外，还要重视功能配套的设计，如地板的舒适度、台阶的高度、有无轮椅坡道、有无扶手等。会所内年龄稍大的人常用的茶室和青年人喜欢的咖啡厅、健身室，其区别不仅仅在于相同空间中的器材与设备要求上的不同，还有与之配套的各种细部设计的不同，甚至是完全不同的空间环境。

五、会所设计中存在的问题

1. 毫无意义的装饰

现代休闲会所融合了很多新材料、新方法和新工艺，进而不断地完善人们的需求，很多以前不可能实现的创新形式得以展现。但是在设计中存在以装饰代设计的现象，尤其是私人会所，以富丽堂皇的装饰材料堆砌和繁复的古典欧式符号来表达室内的奢华、设计。这种室内空间中只有被装饰部位的形式、比例、色彩和符号的重组与构成，而忽略了室内设计的技术内涵和文化品位的做法是不可取的。

2. 不具备文化性的会所

会所的设计应体现出文化内涵。好的会所设计要凸显出风格和品位，但不能违背文化属性。这是许多会所设计所缺乏的，千篇一律的抄袭和杂乱无章的设计概念对于会所本身的品牌价值、形象树立并无帮助。一个成功的会所设计不仅是满足其使用的功能需要、设计新颖，更重要的是具备不同的文化性及地域性。会所文化内涵的体现是一个综合的、复杂的整体关系。理解会所的建筑和室内设计风格，把握会所各空间环境的性质和用途，因地制宜，才能达到人们精神栖居的要求，使会员产生认同感、归属感。地域性是指吸收本地的、民族的、民俗风格及本区域历史所遗留的种种文化痕迹，将其提炼、演化，融入会所设计。在某种程度上，地域性具有极强的可识别性，这一特点也符合市场竞争需要。

图 3-7　商务型会所设计 1（郑福、文健　作）

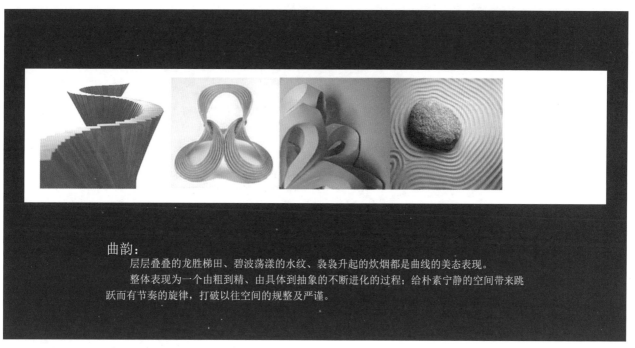

曲韵：

　　层层叠叠的龙胜梯田、碧波荡漾的水纹、袅袅升起的炊烟都是曲线的美态表现。

　　整体表现为一个由粗到精、由具体到抽象的不断进化的过程；给朴素宁静的空间带来跳跃而有节奏的旋律，打破以往空间的规整及严谨。

图 3-8　商务型会所设计 2（郑福、文健　作）

图 3-9　商务型会所设计 3（郑福、文健　作）

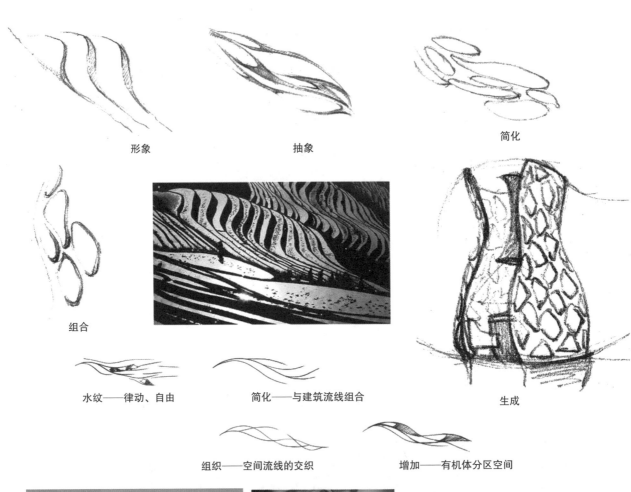

形象

抽象

简化

组合

水纹——律动、自由

简化——与建筑流线组合

生成

组织——空间流线的交织

增加——有机体分区空间

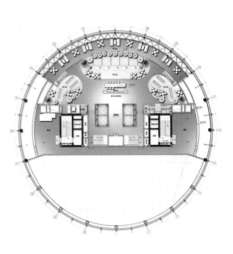

图 3-10　商务型会所设计 4（郑福、文健　作）

图 3-11　商务型会所设计 5（郑福、文健　作）

石茗：

　　"石茗"以尊贵私密的贵宾宴会会所为设计定位，设计上以柳州独特悠久的历史为蓝本，将新古典主义风格与中国传统元素完美融合。

　　九间尊贵私密的用膳区域展现善用空间的格局，又不失高尚格调，堪称柳州美膳胜地，乃举行午宴聚会、私人庆典的尊贵首选。

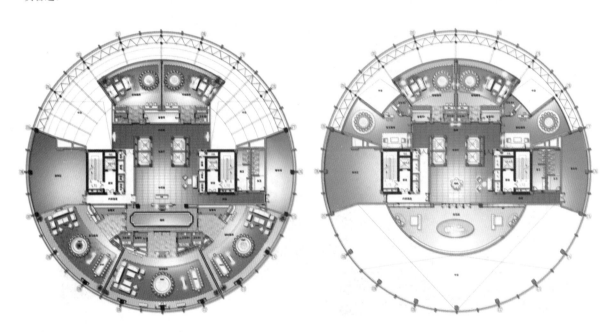

图 3-12　商务型会所设计 6（郑福、文健　作）

图 3-13　商务型会所设计 7（郑福、文健　作）

图 3-14　商务型会所设计 8（郑福、文健　作）

图 3-15　商务型会所设计 9（郑福、文健　作）

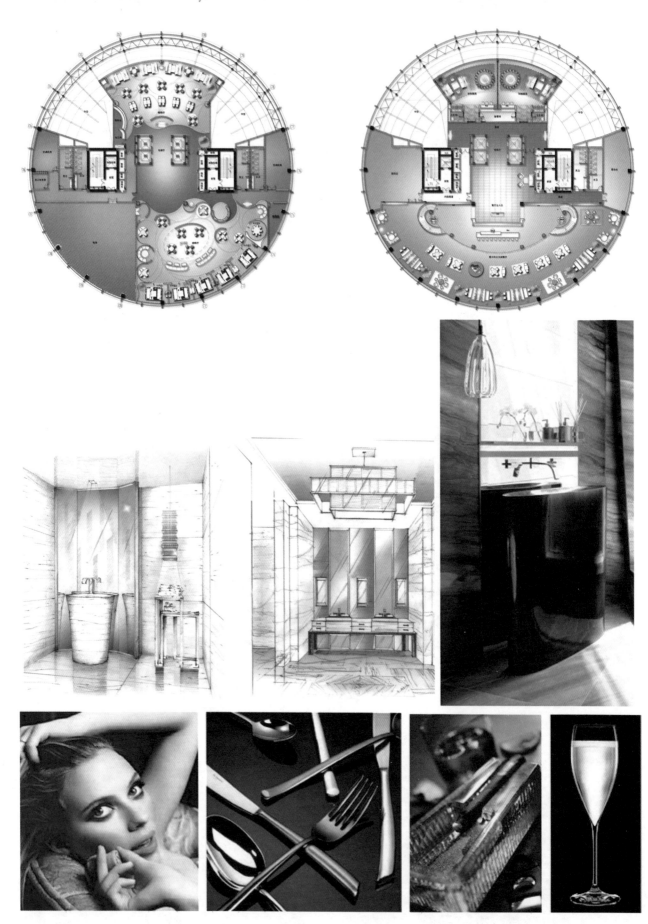

惬意：

　　酒与情感的碰撞在这奢华瑰丽的空间，更加赏心悦目添色添彩。将奢华书写得淋漓尽致，亦将人间美味表现得美轮美奂，营造出有机天然和优雅、感性、摩登的氛围，力求在舒适中追求轻巧与雅致，在喧嚣中觅得宁静与惬意。

图 3-16　商务型会所设计 10（郑福、文健　作）

图 3-17　商务型会所设计 11（郑福、文健　作）

图 3-18　商务型会所设计 12（郑福、文健　作）

图 3-19　商务型会所设计 13（郑福、文健　作）

图 3-20　商务型会所设计 14（郑福、文健　作）

咏乐：

　　远眺山色，临江旁，景色之优美，而乐之；台前美酒，观台上，漫步天际间，而乐之。

　　集休闲、娱乐、观光为一体的空中楼阁，就是身心愉悦的乐园。端上一杯咖啡，观脚下美景，感叹人生的幸福是如此随手可得。

图 3-21　商务型会所设计 15（郑福、文健　作）

图 3-22　商务型会所设计 16（郑福、文健　作）

1. 会所有哪几种类型？
2. 会所设计需要注意哪些技巧？
3. 请简述你了解的一家会所的装饰特点。

任务二 会所空间设计案例分析

【学习目标】

1. 通过会所空间设计案例分析，总结出会所空间设计的方法和技巧；

2. 收集会所空间设计资料，为会所空间项目设计积累经验。

【教学方法】

1. 图片展示与分析结合课堂提问，通过代表性会所空间设计文字点评和成套的会所空间设计案例分析与讲解，启发和引导学生的设计思维，培养学生的设计创作能力，提高学生的审美能力；

2. 遵循教师为主导、学生为主体的原则，通过小组讨论法和角色扮演法（教师扮演客户，学生扮演设计师）调动激发学生的学习积极性，提高学生的参与热情，变被动学习为主动学习。

【学习要点】

1. 掌握会所空间设计案例的设计技巧和方法；

2. 能分析出会所空间设计案例的装饰技巧。

案例一：北海天隆·三千海高尔夫会所

北海天隆·三千海会所面朝太平洋，傲立于中国北海银滩西区海岸，比邻冠头岭国家森林公园，拥有一线蔚蓝海景，是一座集高层住宅、别墅、购物广场、娱乐城、写字楼、高尔夫会所为一体的海岸藏品。

会所面积 9 600 m^2，外墙采用意大利进口罗马洞石铺装，气派而壮观；会所内部装修雍容、华贵，既大气又精致。会所配备大型更衣室、高尔夫专卖店、高档中西餐饮、桑拿、温泉 SPA 客房、室外温泉泡池、休闲茶吧、雪茄吧、红酒吧、宴会接待等服务。如图 3-23 和图 3-24 所示。

◀ 二层的西餐厅，中性的色调搭配地面色彩强烈的地毯，简洁的线条配以现代欧式的吊灯，空间既简洁又典雅

中餐厅富丽堂皇，天花板布满水晶吊灯，色彩以淡黄色及米白色为主，配以地面象征吉祥如意图案的地毯，空间简洁又庄重 ▼

▲
咖啡厅使用棕色木地板及咖啡色的家具，使得空间稳重大气。落地玻璃窗是室外的一道围廊，通过圆拱形的窗口远眺便是广阔的高尔夫球场

图 3-23 北海天隆·三千海高尔夫会所设计 1

会所大堂使用光洁的大理石装饰，正中央的圆形拼花图案与天花板造型相呼应，巨型的水滴状的水晶吊灯为大堂的点睛之笔

走廊装饰采用欧式经典线框；墙面采用网格状的菱形镜面玻璃，起扩大空间的效果；地面采用黑白相间的拼砖图案，有一种空间延伸的感觉

窗外一幅高尔夫球场与海景重叠，恬适而舒心

餐厅与走廊之间出现了一个联系内外的窗口，路过的人会被餐厅的美食所吸引，同时也使走廊空间往窗外拉伸

图 3-24　北海天隆·三千海高尔夫会所设计 2

案例二：佰草集汉方 SPA

　　佰草集汉方 SPA 空间较为宽敞，有足够的地方展现品牌魅力。圆拱门里是一个和城市喧嚣相隔离的世界。素色的石材搭建出一片纯净；层层递进的石门，把空间无限延伸；圆形的穹顶造型，仿若天然的山洞，给人一种世外桃源的感觉。

　　在色彩方面，绿色永远是佰草集的主基调，绿色仕女的主题宣传画影印在殿堂里最为醒目的地方。绿色的灯光围绕在每个空间的天花板上，把这里的墙壁都染上了青翠的效果。和整体效果相匹配的还有绿釉瓷砖拼成的背景墙和养在水中的植物，同样给人一种清新、自然的感觉。如图 3-25 所示。

层层递进的石门，把空间无限延伸，圆形的穹顶造型，仿若天然的山洞

素色的空间里用紫色的织物做装饰，绿色的植物摆放在中式的花架上

一片素白的地面上有个发光的台阶，是个出色的亮点

角落中白色的兰花犹如一位亭亭玉立的纯洁女子

圆拱门里是一个和城市喧嚣相隔离的世界

绿色仕女的主题宣传画影印在店堂里最为醒目的地方。与红色珠帘走廊形成色彩上的对比，达到划分空间的效果

从圆拱形的石门进入店内，由一条深邃的红色珠帘垂荡的走廊带你进入幽静的空间

简洁明快的躺椅配上淡黄色的绒面软垫从质感上与光滑的背景墙相映成趣，营造舒适的感觉

图 3-25　佰草集汉方 SPA 会所设计

案例三：澄龙会所——隐匿东方，物我两忘

空间是一种生活态度的传递，自然是心灵的归属，以东方哲学思想为出发，探究人、自然、空间的本质状态。

作为休闲养生的会所，如何唤醒现代人濒临消失的对本质生活的体验触感、寻找古代文人悠然寄情山水的从容状态是本案例关注的重点。地处闹市的入口强调书香门第的"隐"式的姿态，厚重且具有历史感的木门沁透着怀旧的亲和力，让经过的人不经意地放慢脚步。作为文人会客厅的接待大堂处处渗透着自然的芬芳，石头原始的触感激发着大家回归本我的心灵诉求，芸香草和樟木片的香气让空间散发着禅意的闲寂，诱发着埋藏在我们骨子里的文化记忆。

澄龙会所设计如图 3-26～图 3-27 所示。

▲
白墙灰瓦，典型的苏州园林的色调，但是此处设计师巧妙地利用现代装饰材料和运用简洁的线条；室内通过大门两边巨大的落地玻璃与室外联系在一起，路过的行人都被这里的高尺度橱窗所吸引

橱窗内的石雕粗糙的表面与地面光滑的大理石表面形成强烈的对比，彷如漂浮在水面上。石雕的背面是高直的青竹，另有一番世外桃园的静谧感 ▶

图 3-26　澄龙会所设计 1

◀ 木门周边的石块、书法文字、中式笼灯、旁边的青砖等在昏黄灯光的映照下营造出颇具禅意的一角

设计师运用了苏州园林的造园手法，在入口处设立了一个内庭院，而这个内庭院运用了日本枯山水的手法，象征着自然万物 ▶

◀ 用灰瓦拼砌而成的墙体与拉丝不锈钢做成的带有苏州园林特色的圆拱门相映衬，框出内庭院的一幅别致的风景

◀ 高耸的书架上整齐地摆放着古书，散发着深厚的书卷味。直达二层天花的镜面玻璃有纵横向拉伸空间的效果

更衣室内运用明度较高的米色，休息椅后的背景墙则运用灰砖，地面铺设了亚麻地毯，营造素雅的空间 ▶

◀ 走廊运用重复构成的手法。背景的艺术玻璃上有象征着山河的纹样。左边的白墙上通过灯光的投射，投影出有框景的效果

图 3-27　澄龙会所设计 2

案例四：北京万科赢嘉会所（图3-28）

▲ 通过一个折线形的木楼梯走向二层，门廊两边是整齐的木栅格饰面墙。在室内，由浅往深、由低往高，空间体验会通过材料和光源色泽上的转换，逐渐变得更亮、更轻、更开阔

◀ 空间中干净的线条，没有一点多余的装饰，咖啡色的木楼梯在空间中具有极强的视觉冲击力，引导人们通往二层。靠近落地玻璃窗处垂落的吊灯，通过大小不同层次的变化使得空间更具灵性

▲ 外立面的木栅格装饰手法一直沿用到室内，使得室外、室内融为一体。洽谈区处使用造型夸张的椭圆形的笼罩吊灯，与家具及地毯一起虚拟了一个空间，色彩搭配协调、素雅

会议室被厚重的素木色包围，竖条形木栅格从天花一直延伸到地面。厚实的空间出现了一面落地的镜子，使得整个空间带有现代气息与奇幻色彩 ▼

图 3-28　北京万科赢嘉会所设计

案例五：西安榴花溪堂四合院会所（图3-29）

图3-29 西安榴花溪堂四合院会所

案例六：重庆万科悦湾售楼中心会所设计（图 3-30）

图 3-30　重庆万科悦湾售楼中心会所设计

案例七： 休闲会所设计（图 3-31、图 3-32）

图 3-31 杭州西溪湿地休闲会所设计

图 3-32　梦回宋朝休闲会所设计

案例八：民宿休闲会所（图 3-33、图 3-34）

图 3-33　民宿休闲会所设计 1

图 3-34　民宿休闲会所设计 2

案例九：南京那玛养生会所设计（图3-35）

南京那玛养生会所设计
　　本案采用自然主义结合地方民族特色的设计手法，将自然野趣和民族风味融合为一体，采用毛石、天然木料、藤编和竹质家具等极具自然风味的材料，营造出清新、雅致的室内氛围。室内的色彩以暖色调为主调，显得温馨、舒适；灯光效果柔和、亲切，传递出浪漫的情调。

图3-35　南京那玛养生会所设计

案例十：上海野趣餐饮会所设计（图3-36）

图3-36 上海野趣餐饮会所设计

案例十一：春秋茶楼会所设计（图 3-37）

图 3-37　春秋茶楼会所设计

案例十二：售楼会所设计手稿（图 3-38 ～图 3-40）

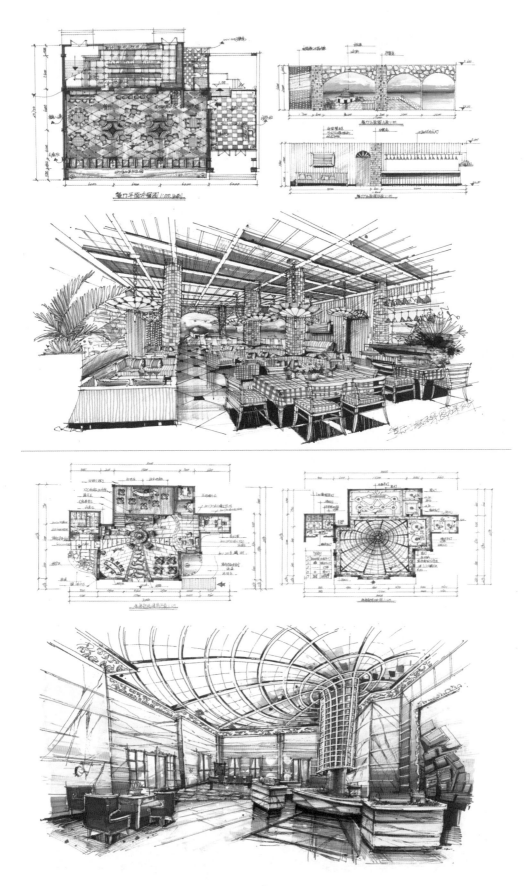

图 3-38　售楼会所设计手稿（吴世铿　作）

图 3-39　东莞塘厦三江会所设计手稿（陆守国　作）

图 3-40　东莞塘厦三江会所设计手稿 2（陆守国　作）

1. 教师提供一套会所设计图片，学生进行设计分析。

2. 绘制一幅会所设计手稿。

【学习目标】

1. 了解办公空间的概念和设计范围；

2. 掌握办公空间的设计方法和思路；

3. 了解办公空间设计常用的装饰材料；

4. 通过办公空间设计案例分析，总结办公空间设计的方法和技巧。

【教学方法】

1. 讲授、图片展示结合课堂提问，通过大量的精美办公空间设计图片的展示和实战设计案例的分析与讲解，启发和引导学生的设计思维，培养学生的造型能力，提高学生的审美能力；

2. 着重对办公空间的各功能区域设计等进行详细分析与阐述，并引用不同类型的办公空间设计案例，从专业的角度对空间设计技巧进行深度剖析，使学生更加明确办公空间设计的方法与技巧。

【学习要点】

1. 掌握办公空间各功能区域的设计技巧；

2. 通过办公空间设计案例分析提升学生的设计思维能力和设计表达能力。

任务一 掌握办公空间设计的方法和技巧

一、办公空间的基本概念

办公空间，从广义上讲，是指供人们工作和办理工作事物的空间；从狭义上讲，是指各企事业单位或公司的办公室、会议室和接待室等办公楼内部的一切空间。办公空间主要分为办公、会议和走廊（通道）三个功能区域。从有利于办公组织以及采光通风等角度考虑，办公空间的进深通常以 9 m 为基本尺寸。

二、办公空间的设计范围

办公空间按空间的功能可以分为主要办公空间、公共接待空间、配套服务空间和附属设施空间。办公空间设计主要针对人们的工作方式和工作流程进行设计，其目的是提高空间的综合利用率和办公人员的工作效率。办公空间设计包含很多具有不同特质的因素，如内部空间的结构形式、造型样式、设计风格、色彩、照明、材质、绿化、陈设等。同时，应根据空间使用的物质和精神的双重功能，打破室内与室外、空间层次上的界限，着眼于空间的延伸、穿插、交错、复合、模糊、交换等不同空间造型的创造，呈现出由封闭向开敞、由静态向动态、由理性向感性转换的空间设计效果，形成办公空间设计的主题和理念。

三、办公空间设计的理念和内涵

办公空间的布局、通风、采光、人流线路、色调等的设计适当与否，对办公人员的精神状态及工作效率影响较大。好的办公空间设计与规划应该有较强的设计理念和文化内涵；同时，还包括以下几个方面的内容。

（1）对企业类型和企业文化的深入理解。设计人员只有充分了解企业类型和企业文化，才能设计出能反映该企业风格与特征的办公空间，使设计具有个性与品质。

（2）对企业内部机构设置及其相互联系的了解。只有了解企业内部机构设置才能确定各部门所需办公面积，规划好人流线路。事先了解公司的扩充性亦相当重要，这样可使企业在迅速发展过程中不必经常变动办公流线。

（3）前瞻性设计。现代办公空间自动化、网络化、信息化和智能化对于现代办公空间不可或缺。事先规划好通信、制冷、网络的电源开关、插座设置和布局是非常重要，且具有前瞻性的。

（4）舒适性标准。办公室空间设计应尽量利用简洁的设计手法，避免烦琐的细部装饰和浓烈色彩，体现舒适性原则，减缓工作疲劳。在规划灯光、空调和选择办公家具时，也应充分考虑其适用性和舒适性。

四、办公空间的功能区域划分与设计

办公空间的功能区域主要包括前台接待区、会议室、总经理和经理办公室、财务室、员工办公区、机房、贮藏室、茶水间、机要室等。

1. 前台接待区

主要由接待台、企业标志和招牌、背景形象墙、客人等待区等区域组成。前台接待区是一个企业的门面和第一印象，其设计要反映出一个企业的行业特征和文化内涵。如图 4-1 所示。

2. 会议室

会议室主要用于洽谈业务、企业内部员工培训和企业内部各种会议。会议室的基本功能是会务，主要的设备有会议桌、会议椅、电动投影设备等。会议室的设计要求简明扼要，造型尽量简洁，色彩以中性的灰色或深木色为主，灯光要求明亮，以便于阅读文件。由于会议室对声音的控制要求较高，所以在会议室的隔音和吸音效果上要做特殊处理。如图 4-2 ～图 4-3 所示。

3. 总经理和经理办公室

总经理和经理办公室的设计是整个办公空间设计的最重要环节，最能体现设计的档次。总经理和经理办公室的办公家具主要有书柜、大型办公台、组合式沙发等。个别面积较大的总经理室还设有小型会议桌椅、休息室和独立卫生间。总经理和经理办公室的设计还有以下几个特点。

1）秩序感

在设计中的秩序，是指形的反复、形的节奏、形的完整和形的简洁。总经理和经理办公室设计也正是运用这一基本理论来创造安静、平和、简练的空间视觉效果。办公室设计中秩序感的体现包括家具样式与色彩的统一、平面布置的规整性、隔断高低尺寸与材料的协调、天花的平整性与墙面的简洁装饰等。

2）明快感

让办公室给人一种明快感也是办公室设计的基本要求。办公环境明快是指办公环境的色调干净明亮，灯光布置合理，有充足的光线等，这也是办公室的功能要求所决定的。在装饰中明快的色调能带给人愉快的心情，给人一种洁净之感；同时，明快的色调也可在白天增加室内的亮度。目前，有许多设计师将明度较高的绿色引入办公室设计，这样往往给人一种良好的视觉效果，创造出一种春意，能较好地减缓疲劳。

3）现代感

办公室的设计往往采用共享空间的开敞式设计，这种设计已成为现代新型办公室的特征，形成了现代办公室新空间的概念。现代办公室设计还注重对办公环境的研究，将自然环境引入室内，绿化室内外的环境，给办公环境带来生机。此外，现代人机工程学的发展和完善，使办公设备在方便人体操作的前提下日益科学化、自动化、智能化，给人们的工作带来了极大便利。在办公室设计中充分地利用人机工程学的知识，按特定的功能与尺寸要求来进行设计，是使设计更加人性化的表现。

总经理和经理办公室设计如图 4-4、图 4-5 所示。

图 4-1　前台接待区设计

图 4-2　会议室设计 1

图 4-3　会议室设计 2

图 4-4　总经理和经理办公室设计 1

图 4-5　总经理和经理办公室设计 2

五、办公空间的界面设计

办公空间的界面设计主要包括四大组成部分，即天花、地面、墙面和空间隔断。办公空间的天花设计造型和用材都比较简单，普通空间一般常用石膏板、埃特板和金属铝扣天花配合金属格栅式灯盒。在设计的重要空间，如接待区、会议室和经理办公室也做一些简单的石膏板造型天花，形式以简约的几何形为主。

在办公空间地面设计中，面积较大的公共办公区域常用地毯。地毯颜色和款式众多，触感舒适，吸音效果较好。前台、接待厅、电梯间和走廊采用大理石材料较多，具有耐磨、硬朗、装饰感强的特点。

办公空间的墙面设计一般采用墙纸或乳胶漆。对一些重点的装饰造型立面，如总经理室背景墙、前台背景墙等也可以运用对称、重复、对比、协调等设计手法突出造型的艺术性。

办公空间的设计不仅要注重效率，对空间的利用也倍加重视，既需要有封闭、半封闭的私人工作间、会议室，也要有开放式的区域，以方便信息交流。工作间或会议室隔断高度应 1.8 m 或以上。现代办公室常用玻璃通透的形式，以增加空间的流畅感，需要隐蔽时则可以利用卷帘来遮挡。员工办公区隔断高度在 1.2～1.6 m，在这种半开放的空间员工之间可以更好地沟通和交流，提高工作效率。

六、办公空间的色彩设计

办公空间色彩在一定程度上会影响办公人员的工作状态、工作持久性和交往舒适度。办公空间色彩明亮、洁净时，员工的工作状态会更好，心情会更加愉快。办公空间的色彩主要应根据企业的文化和经营模式来进行设计，普通的行政、销售、信息产业的办公室常采用高明度、低彩度的色彩；而极具现代经营模式的设计公司、游戏公司则可以利用局部高彩度的色彩激发员工的兴奋感和创意灵感。

七、办公空间的设计成本与效率的优化

办公空间随着办公人员的调整和变动，其布局和形式也会随之变化，设计师必须正确估计公司预期的发展，预留办公的发展空间，以最经济的形式实现空间的转换。智能化隔断的设计以及富有弹性、扩展功能的空间形式，能有效降低办公空间组织结构变化的代价，具有扩展功能，且易装、易拆，还可以根据办公空间的实际需求重新进行组合，使之更利于特定团队的工作，并能提高员工的工作效率。此外，由于办公空间计算机、网络线路较多，因此对线路的管理需要十分有序，隔断支柱及横杆不但能隐藏大量电线，而且备有分线槽来分隔不同类型的电线以降低干扰，这样可以令线路安排井然有序。

八、办公空间的常用参数（尺寸）

办公空间中功能能否实现最优化，其人机工程学的尺寸设计显得非常重要。现代办公空间常用的参数尺寸如下。

（1）接待台：高度为 1.15 m 左右；宽度为 0.6 m 左右；员工离背景墙距离为 1.3～1.8 m。

（2）总经理室最小办公空间：宽度为 3.3 m；长度为 4.8 m；文件柜宽度为 0.37 m；总经理办公桌规格：一般为 2.0 m×1.0 m。

（3）会议室最小办公空间：宽度为 3.3 m，长度为 5.0 m。

（4）部门经理办公室最小办公空间：宽度为 2.7 m，长度为 3.3 m 左右；背柜宽度为 0.37 m；办公桌尺寸为长 1.8 m，宽 0.9 m。

（5）员工区办公桌尺寸 1.4 m×0.7 m 或 1.2 m×0.6 m（财务、会计用），隔断为 1.2 m 高的屏风，主通道宽度为 1.8 m（消防要求）。

九、办公空间装饰设计的技巧

1. 掌握办公室设计趋势的多元化特点，从中找到最适合目标客户的设计元素

现代办公空间设计呈现出一种多元化的趋势。多元化是指除了造型、色彩、材料等装饰要素之外，也讲究文化内涵和品牌价值的体现。另外，随着人性化的设计理念逐渐深入人心，越来越多的办公空间形式开始抛弃固定的空间格局，将休闲的生活方式引入办公空间，创造出极具生活氛围的办公环境。

2. 明确的设计概念和设计语言

办公空间设计要有明确的设计概念和设计语言，其表达过程可分为概念设计、方案设计、施工图设计三个阶段。其中，在概念设计阶段，设计师进行资料的收集和整理，确定设计的基本思路和风格，绘制设计草图，然后将初步的设计构思经过梳理变成精练的设计语言。设计师将整理出来的视觉图像与办公空间设计各类专业知识结合，以简洁明了的方式向业主传达设计意图，并最终汇总成完整的设计方案。

设计方案确定以后就可以绘制精细的施工图了。施工图的内容有封面（包括工程名称和项目时间）、目录（反映施工图册的内容排序）、设计说明（说明工程所在位置、性质、规模、设计依据和设计原则、经济指标等内容）、材料样板（表达材料质感及色彩关系）、透视图和效果图、平面图（项目总体规划）、立面图、剖面图、节点大样图等。

办公空间设计方案如图 4-6～图 4-13 所示。

廣州鐵人網絡科技有限公司
辦公室裝修設計方案效果圖
珠江新城平雲路廣電平雲廣場B塔7樓
廣州瀚思裝飾設計有限公司
2013.06.08

项目简介

　　广州铁人网络科技有限公司位于广州CBD，分公司设于江苏，新公司地址位于广州市天河区青云路潭乐街广信大厦群楼，坐北朝南方位。东侧为华南快速三期入口及出口干线，北侧为黄埔大道与华南快速路十字交叉路口，西侧为潭村路及高楼耸立的珠江新城，南侧为正在改建成的潭村。可以说，处在一个交汇的路口，花城大道修通后会更加便利。

铁人"关键词"
移动软件、互联网、移动互联网、信息互动社
区领域IOS火爆精品游戏产品
"真诚、主动、团结、责任"的铁人精神

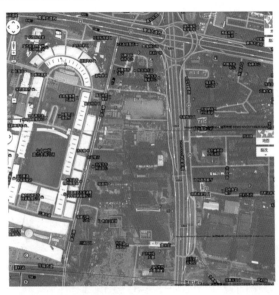

图 4-6　办公空间设计方案 1（文健、吴伟　作）

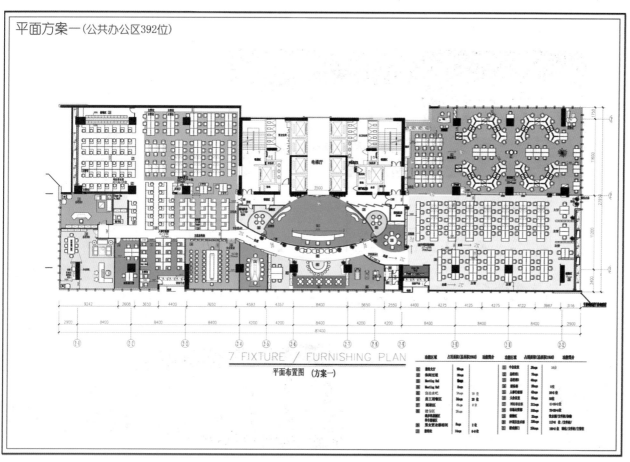

图 4-7　办公空间设计方案 2（文健、吴伟　作）

交通动线示意图

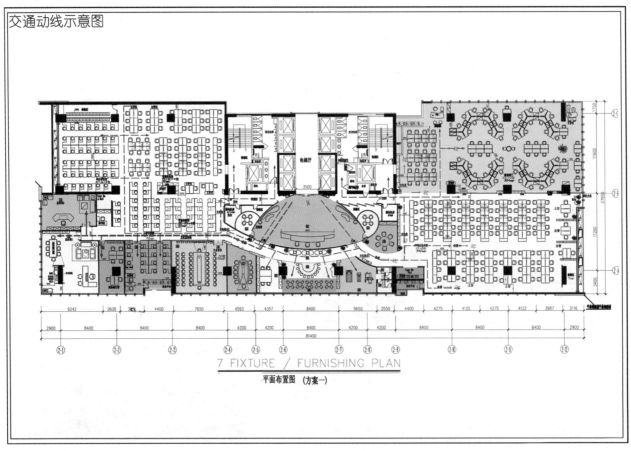

7 FIXTURE / FURNISHING PLAN

平面布置图 （方案一）

图 4-8　办公空间设计方案 3（文健、吴伟　作）

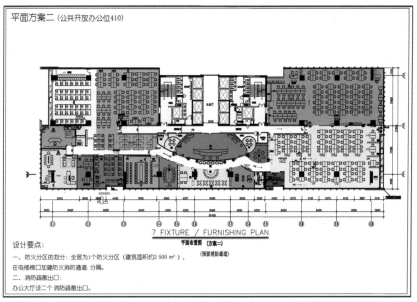

平面方案二（公共开放办公位410）

7 FIXTURE / FURNISHING PLAN
平面布置图（方案二）（预留消防通道）

设计要点：

一、防火分区的划分：全层为1个防火分区（建筑面积约2 500 m²），
在电梯梯口加建防火消防通道.分隔。

二、消防疏散出口：
办公大厅设二个消防疏散出口。

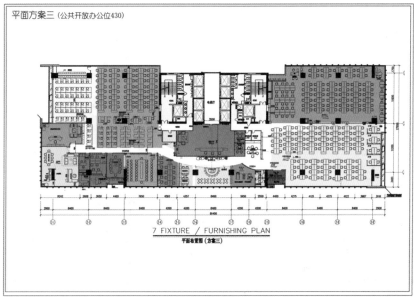

平面方案三（公共开放办公位430）

7 FIXTURE / FURNISHING PLAN
平面布置图（方案三）

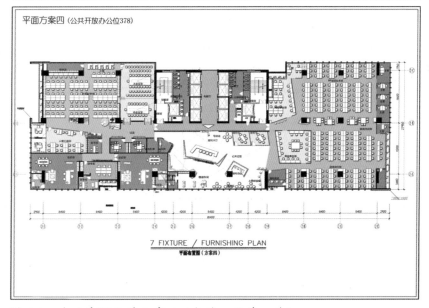

平面方案四（公共开放办公位378）

7 FIXTURE / FURNISHING PLAN
平面布置图（方案四）

图 4-9　办公空间设计方案 4（文健、吴伟　作）

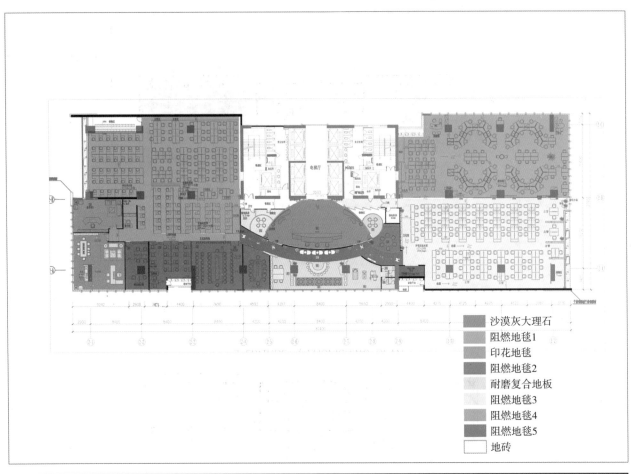

沙漠灰大理石

阻燃地毯1

印花地毯

阻燃地毯2

耐磨复合地板

阻燃地毯3

阻燃地毯4

阻燃地毯5

地砖

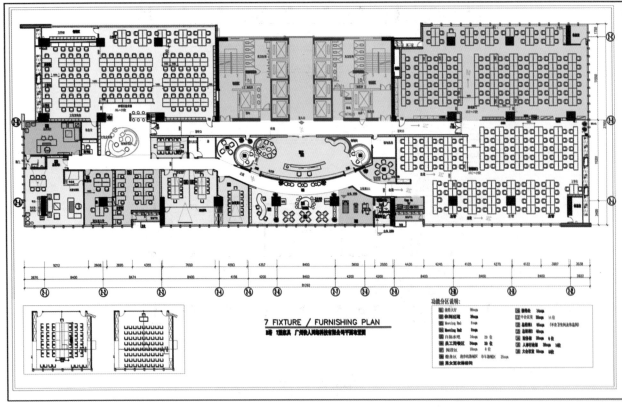

7 FIXTURE / FURNISHING PLAN

总平面方案布置图

图 4-10　办公空间设计方案 5（文健、吴伟　作）

设计说明

本案设计力求为网络科技公司打造一个现代、简洁、硬朗、稳重，而又不失时代超前感的前台大厅空间。因此，在用材方面选用稳重的木饰面，规律排列，鱼肚白及仿金属木纹背板结合，再配以半透明灰色玻璃和黑镜，使人感觉到封闭空间有一种延续感，从而体现出企业的一种内在的力量。

在灯光方面，比较注重"暗藏光"透出光晕的效果，如进入办公区的玻璃门两侧、前台底及前台背景墙，在前台空间的形式方面，我们从平面设计可以看到，大厅为一个大圆弧形的空间；两个小会议室为圆形空间；进入办公区，多变空间有机地把几个空间多变地连接起来，非常轻松和独特。

图4-11　办公空间设计方案6（文健、吴伟　作）

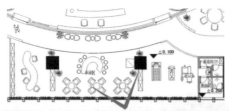

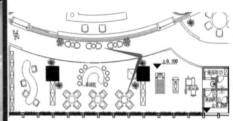

设计说明

　　员工休闲地区作为本公司人性化最具代表性的形象之一，力求打造出一个现代、简洁、自由自在、精神放松、回归自然生态环境中的休息场所。因此，在用材方面选用轻快宽松的对比色搭配，张弛有度，绿化大面积弧形墙，再配以透明玻璃、浅色轻盈的家具、奇异的吧台柜子与天花吊灯相呼应，活跃生动了整个场景，使人感觉到封闭空间有一种接近自然的感觉，从而体现企业的人性化管理模式。

图 4-12　办公空间设计方案 7（文健、吴伟　作）

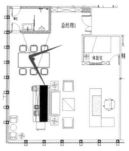

设计说明

　　总经理室作为本公司最具精神的空间之一，多个空间组合而成的整体空间，使人进入办公区感受到非常轻松；空间功能分明，整个空间不需要华丽的装饰，用灯光来渲染；材质质感精细，有一种力量感，空间形式并不必要多样化，只要一种内在的形式感、几何线条感，造型大方而有力，展示低调的质感美。

图 4-13　办公空间设计方案 8（文健、吴伟　作）

1. 办公空间的功能区域有哪些？
2. 制作一套完整的办公空间前期设计概念图册。

任务二　办公空间设计案例分析

【学习目标】

1. 通过办公空间设计案例分析，总结办公空间设计的方法和技巧；

2. 收集办公空间设计资料，为办公空间项目设计积累经验。

【教学方法】

1. 图片展示与分析结合课堂提问，通过成套的办公空间设计案例分析与讲解，启发和引导学生的设计思维，培养学生的设计创作能力，提高学生的审美能力；

2. 遵循教师为主导、学生为主体的原则，通过小组讨论法和角色扮演法（教师扮演客户，学生扮演设计师）调动激发学生的学习积极性，提高学生的参与热情，变被动学习为主动学习。

【学习要点】

1. 掌握办公空间设计案例的设计技巧和方法；

2. 能分析出办公空间设计案例的装饰技巧。

办公空间设计案例分析如图 4-14 ～图 4-19 所示。

图 4-14　办公空间设计案例 1

奇虎360办公室设计

  本案的设计大胆采用共享空间和母子空间的空间设计理念，使空间"我中有你，你中有我"，交互组合，融会贯通，体现出公司开放、包容的经营理念。曲线造型的广泛使用，使空间生动、活泼；黄绿色的主调也诠释出绿色、自然的主题，营造出轻松、愉悦的办公情景。

图 4-15 办公空间设计案例 2

数码设计公司办公室设计

　　本案的空间设计简洁大方,流畅通透。以地面材质和半透明的玻璃隔断来区分和划分空间,造型样式以几何图形为主,简单有力,使空间表现出时尚、现代的特点。本案的色彩以黑、白、灰为主调,辅以小面积的彩色,形成室内大协调、小对比的效果。室内的家具都选用了世界经典的椅子,表现出对空间品质的追求。

图 4-16　办公空间设计案例 3

图 4-17 办公空间设计案例 4

图 4-18 办公空间设计案例 5

图 4-19　办公空间设计案例 6

1. 教师提供一套办公空间设计案例，学生分析设计思路，并撰写 300 字左右的设计说明。

2. 教师提供一套办公空间设计平面方案，学生练习设计。

参 考 文 献

［1］贡布里希 . 艺术发展史 . 范景中，译 . 天津：天津人民美术出版社，2006.

［2］王受之 . 世界现代建筑史 . 北京：中国建筑工业出版社，1999.

［3］王受之 . 世界现代设计史 . 广州：广东新世纪出版社，1995.

［4］陈志华 . 室内设计发展史 . 北京：中国建筑工业出版社，1979.

［5］齐伟民 . 室内设计发展史 . 合肥：安徽科学技术出版社，2004.

［6］陈易 . 室内设计原理 . 北京：中国建筑工业出版社，2006.

［7］邱晓葵 . 室内设计 . 北京：高等教育出版社，2002.

［8］张绮曼，郑曙阳 . 室内设计资料集 . 北京：中国建筑工业出版社，1991.

［9］李朝阳 . 室内空间设计 . 北京：中国建筑工业出版社，1999.

［10］来增祥，陆震伟 . 室内设计原理 . 北京：中国建筑工业出版社，1996.

［11］霍维国，霍光 . 室内设计原理 . 海口：海南出版社，1996.

［12］李泽厚 . 美的历程 . 天津：天津社会科学院出版社，2001.

［13］史春珊，孙清军 . 建筑造型与装饰艺术 . 沈阳：辽宁科学技术出版社，1988.

［14］童慧明 . 100 年 100 位家具设计师 . 广州：岭南美术出版社，2006.

［15］汤重熹 . 室内设计 . 北京：高等教育出版社，2003.

［16］朱钟炎，王耀仁，王邦雄，等 . 室内环境设计原理 . 上海：同济大学出版社，2004.

［17］巴赞 . 艺术史 . 刘明毅，译 . 上海：上海美术出版社，1989.

［18］许亮，董万里 . 室内环境设计 . 重庆：重庆大学出版社，2003.

［19］尹定邦 . 设计学概论 . 长沙：湖南科学技术出版社，2004.

［20］席跃良 . 设计概论 . 北京：中国轻工业出版社，2006.

［21］潘吾华 . 室内陈设艺术设计 . 北京：中国建筑工业出版社，2006.

［22］尼跃红，李瑞君 . 室内设计基础 . 2 版 . 北京：中国纺织出版社，2004.

［23］顾馥保 . 建筑形态构成 . 武汉：华中科技大学出版社，2008.